KB211427

식당에 대한 실무지식과 구체적인 창업 · 경영 준비방법

개정판

식당경영론

윤수선 · 배현수 · 박인수 · 이흥구 공저

Restaurant Management

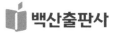
백산출판사

머리말

성공하고 싶지 않은가?

식당 창업이 국내 시장에서 하나의 직업인식과 경제활동으로 자리매김한 지도 오랜 시간이 지났다. "음식장사를 해서 과연 큰돈을 벌 수 있을까?", "음식장사를 하면 최소한 망하지는 않는다"라고 흔히들 이야기한다.

인간에게 있어서 먹는 행위를 식사라고 표현한다면 식사는 인간의 생활 중에서 가장 중요한 몫을 차지해 온 음식이다. 이러한 역사적 배경을 가진 음식을 이용한 사업을 오늘날의 식당경영 혹은 외식경영이라 한다.

외식업을 단순히 '음식장사'로 볼 것인가? 아니면 하나의 '식당경영'으로 볼 것인가 하는 문제는 결국 가치관의 차이로 보면 맞을 것이다. 말만 그럴듯하게 바꿨을 뿐이지 결국 비슷한 개념으로 보아도 무방하다. 하지만 이것의 모든 변화와 혁신은 사소한 생각의 차이에서 비롯된다. 식당을 경영하면서 단순히 음식을 만들어 판매한다거나 말 그대로 '음식장사'로 생각한다면 그들은 한낱 하루하루 이익금에 급급한 장사치일 수밖에 없지만, 반대로 작은 기업을 경영한다는 생각으로 장기적인 계획과 안목으로 끊임없이 변화하고 연구·개발·노력하는 사람은 전문 경영인이며 기업인인 것이다.

현대에는 누구나 외식업에 뛰어들 생각을 하지만, 필자는 사전에 철저한 준비가 되어 있지 않으면 소위 말하는 '최고의 맛집', '대박집'으로 번성하는 식당을 만들기는 어렵다고 말하고 싶다. 누구나 음식장사로 쉽게 돈을 벌 수는 있지만 그 누구나가 전체, 즉 모두를 뜻하는 건 아니란 걸 명심해야 한다.

식당이 크건 작건 규모에 상관없이 전문적인 지식이 있어야 하고, 풍부한 현장 실무 경험부터 기업 경영의 전체적인 부분까지 모두를 총괄할 수 있어야 번성하는 식당이 된다. 그리고 소규모의 식당일수록 경영주가 식재료 구매부터 조리, 서빙, 종업원관리와 교육, 영업, 원가, 신메뉴, 클레임, 고객관리까지 식당에서 일어나는 모든 일련의 일들을 혼자 처리하고 책임질 수 있어야 진정한 경영인 것이다.

이 책은 대형 외식업체나 성공스토리가 아닌, 소규모 식당의 창업을 준비하는 사람들에게 식당에 대한 실무지식과 구체적인 창업·경영 준비방법을 알려주기 위해 쓴 실무 지침서이다.

이 책은 필자가 경험했던 현장경험과 더불어 식당경영자가 반드시 알아야 할 기본 이론을 총정리한 결과물이라 할 수 있다. 식당경영의 종사원부터 서비스와 매뉴얼, 그리고 점포설계부터 입지선정, 상권 분석하는 법, 사업계획서, 매출 증대방안, POS 사용, 고객 불평처리 방안까지 총 9가지 부문으로 구성하여, 대학교재 및 식당 창업을 희망하는 사람은 물론 식당경영주도 한 번쯤은 점검해 보고 실무에 응용할 수 있는 자료들로 구성하였다.

처음 원고를 준비할 때 좋은 책을 잘 집필하겠다는 마음 간절했지만, 막상 완성하고 보니 아쉬움이 남는 건 필자 역시 마찬가지이다. 이 책에 대한 여러분의 아낌없는 질정을 바란다.

마지막으로, 책이 만들어지기까지 어려움이 있었지만 출판될 수 있도록 많은 도움을 주신 백산출판사 진욱상 사장님을 비롯한 직원분들, 거영학원 이사장님과 총장님, 주위의 고마우신 교수님들, 호텔의 선후배들과 사랑하는 가족을 포함한 모든 분들께 진심으로 머리 숙여 깊은 감사를 드립니다.

저자 씀

제1장

식당경영 개론

1. 식당의 정의

식당에 대한 사전적 의미는 국가에 따라 다소 다르게 표현되는데, 우리나라의 국어사전에는 "식사하기에 편리하도록 갖추어 놓은 방, 혹은 음식 및 요리를 만들어 식사로써 손님에게 제공하거나 파는 집"이라고 설명하고 있다. 오랜 식당의 역사를 갖고 있는 프랑스의 대백과사전에는 "사람들이 식사할 수 있는 공중의 시설로써, 고정된 가격의 식당과 일품요리식당(Restaurant est un etablissement pubic ou l'onpeut manger; restaurant à prix fixé et restaurant à la carte)"으로 구분하여 설명하고 있다. 또한 영국의 옥스퍼드사전과 미국의 웹스터사전에는 "공공의 사람들이 원기를 회복할 수 있는 가벼운 음식물이나 식사를 취할 수 있는 시설"이라 설명하고 있다.

이렇듯 식당의 정의 또한 여러 가지로 표현하고 있는데, 첫째, 고객에게 식사와 음료를 제공할 수 있는 일정한 시설과 공간을 제공하고, 훈련된 종사원에 의하여 유형·무형의 식사 및 인적 서비스를 제공하며 그 대가로써 보수를 받는 곳, 둘째, 영리를 목적으로 하며 일정한 객석이 준비되어 있고, 이용객을 환영하며, 음식을 제공하는 설비와 서비스가 갖추어진 상태에서 고객을 영접하며 음식을 제공하는 곳, 셋째, 일정한 시설과 영업장이 갖추어진 상태에서 고객을 영접하며 진심에서 우러나오는 인적 서비스와 물적 서비스가 잘 조화된 식사와 음료를 판매하는 곳 등으로 정의하고 있다. 그러므로 식당은 영리 또는 비영리를 목적으로 하면서 유형·무형의 식사, 음료, 휴식의 공간, 인적 서비스 등을 제공할 수 있는 시설을 갖추고 훈련된 종사원에 의하여 서비스를 제공하여 그 대가로써 보수를 받는 공공의 장소로 정의할 수 있다.

또한 국가의 체제에 따라 식당의 용어나 정의는 약간 다르게 기술되고 있으나 restaurant은 우리가 사용하는 식당이라는 개념보다 약간 광범위하고 포괄적인 개념으로 서양에서 사용하고 있다.

이와 같은 내용을 요약하여 현대적인 의미로 정의를 내린다면 영리를 목적으로 하며, 일정한 객석place이 준비되어 있고, 이용객을 환영하며, 음식을 제공하는 설비와 서비스가 갖추어진 서비스업이라고 할 수 있다. 그래서 최근 선진국에서는 식당을 EAST 상품이라고 한다.

EAST란, 접대 – 인적 서비스Entertainment, 분위기 – 물적 서비스Atmosphere, 위생 – 청결Sanitation, 맛 – 요리Taste를 말한다. 즉 먹는다는 단순한 의미의 장소인 식당이 아니라, 서비스 + 분위기 + 음식의 맛 + 위생 등의 각 개체가 총체적인 상품으로 판매되는 공공적 장소를 식당 또는 레스토랑이라고 한다.

식당이라는 단어는 프랑스의 불랑제A. Boulanger가 1765년 파리 시내에 있는 자신의 음식점에서 처음으로 사용한 것이 그 명칭의 유래가 되었다. 수프요리 전문가로서 쇠고기나 양고기 등을 사용하여 그의 수프에 영양식 혹은 원기를 회복하는 수프라고 선전하면서 레스토랑트restaurante라는 간판을 사용한 것이 훗날 레스토랑으로 불리게 되었는데, 레스토랑restaurant의 어원은 프랑스어의 restaurer란 단어에서 유래된 재귀동사 serestaurer의 '수복하다, 기력을 회복시키다, 건강을 회복시키다', 혹은 '피로한 심신을 원상으로 회복시키다'에서 원기를 회복시키는 것, 영양식이란 의미의 형용사적 여성형 단어인 restaurante영, restorative로 사용되다가, 그 후 형용사적 남성형 단어인 restaurant로 바뀌어 사용되기 시작하였다.

2. 식당의 유래

모든 동·식물에게 영양소의 공급은 곧 생명의 유지와 직결되는 문제라고 볼 수 있다. 사람에게도 먹는다는 것은 일상생활의 연속이며 먹지 않고는 살아갈 수가 없다. 특히 식생활에 대한 이해는 그 지역 주민들의 의식구조와 삶의 방식을 파악하는 데 필수적이라고 하겠다. 사회의 일원으로서 개인이 먹는 음식은 그 사회의 모든 판단기준을 따르는데, 이는 바로 그 사람의 신분이 내재되어 있기 때문이다. "네가 무엇을, 어떻게 먹는지를 내게 알려주면 나는 네가 누구인지를 알 수 있다."[1]라는 서양속담은 매우 의미 있는 표현으로 받아들여진다.

그리고 동양 삼국(한국, 중국, 일본)에서 오래전부터 사용하고 있는 젓가락 식생활문화는 우리 음식문화의 역사가 유구했다고 추정할 수 있는 충분한 근거가 되는 것이다. 젓가락의 사용은 뜨거운 음식의 발달과 직결되는 것이며, 다시 말하면 음식의 맛과 질이 뜨거울 때 최고가 되는 것을 이미 깨달았던 것이다. 그렇지 않은 지역이나 나라에서는 젓가락 혹은 포크나 나이프가 없어 뜨거운 요리가 발달하지 못하였거나, 음식의 맛을 더 해주는 뜨거운 요리가 개발되지 않아 젓가락이나 포크, 나이프 등이 사용되지 않았을 것으로 생각된다.

서양에서의 포크나 나이프의 사용은 최근의 일이다. 16세기 이전까지만 해도 수프 종류를 먹을 때 스푼 하나로 돌려가며 사용할 정도였으며, 16세기 이후 서유럽을 중심으로 포크와 나이프의 보급이 일반화되기 시작했다. 산업혁명을 주도했던 영국에서는 당시 일반 노동자들이 포크와 나이프의 사용이 서툴러 식탁에서 나이프로 콩 음식을 먹는 행위에 대해

---

1 구천서, 세계의 식생활과 문화, 향문사, 1997.

잘못된 식사예절이라 하여 사회적 교육을 할 정도였으며, 이는 오늘날까지도 상류계층의 포크, 나이프 사용방법이 모범적인 식탁예절이라 하여 아직도 이를 교육하는 것은 젓가락 사용의 역사와 비교되는 것이라 하겠다.

3. 식당의 종류

1) 운영방식에 의한 분류

(1) 레스토랑(Restaurant)

디럭스 레스토랑deluxe restaurant, 파인 다이닝 레스토랑fine dining restaurant 및 일품요리 레스토랑a la carte restaurant 등으로 불리기도 하며, 일반적으로 고급스런 식당의 개념으로써 간단하게 레스토랑이라 한다. 식탁 및 의자 등이 마련되어 있고, 고객의 주문에 따라 일품요리a la carte, 정찬메뉴table d' hôte, 또는 특별요리 등이 웨이터나 웨이트리스에 의해 정중하게 서비스되는 전형적인 테이블서비스 식당을 말한다.

(2) 그릴(Grill)

이 식당 또한 전형적인 테이블서비스 식당으로 레스토랑의 개념과 유사한 성격을 갖고 있다. 고객의 주문에 따라 일품요리, 정찬메뉴 혹은 특별요리 등이 서비스 종사원들에 의해 정중하게 서비스되며 종종 고급 레스토랑일지라도 경영전략 및 서비스 전략적인 차원에서 그릴이란 명칭을 사용하는 경우도 있다. 전통적으로는 취급 품목이나 서비스 방식에서 레스토랑의 개념과 구분되며 품격적인 면에서 레스토랑의 차상급에 준하는 전형적인 테이블서비스 식당이다.

(3) 카페(Café)

프랑스 파리에 등장한 최초의 커피하우스coffee house는 커피음료, 코코아음료 및 포도주와 같은 저알코올 음료 등을 판매하였으며 요리는 그다지 제공되지 않았다. 이러한 카페들은 사회의 귀족층들 사이에서 사교나 대화의 장소뿐만 아니라 최근의 정보를 교환하기도 하며, 일반적인 대화를 나누면서 음료를 즐기는 장소였다. 고객이 많이 출입하는 대중적인 식당으로 아침 일정한 시간부터 저녁 일정한 시간까지 계속해서 운영되며, 간단한 경양식부터 일품요리, 정찬메뉴, 각국의 특색요리, 퓨전요리 및 음료 등을 제공하는 테이블서비스 식당이다. 메뉴의 가격이나 품격적인 면에서 그릴의 차상급에 준하는 식당의 개념을 가지고 있으며, 영업에 있어서 아침식사뿐만 아니라 다양한 고객층을 갖고 있는 식당영업 전략의 매우 중요한 위치를 차지하는 식당이라 할 수 있다.

(4) 다이닝룸(Dining Room)

서양식의 주택이나 공공건물 등에서 식사하는 공간 혹은 식당이라는 사전적 의미로 광범위하게 사용되는 단어이다. 일반적으로 서양의 가족호텔 다이닝룸은 선택의 폭이 없거나 매우 제한적인 식음료를 제공하는 유일한 식당이며, 다소 큰 식당에서는 단체여행객이나 특별이벤트 단체고객들을 위하여 연회식으로 제공되는 정찬메뉴 식당이다. 식당을 이용하는 시간이 대체로 제한되어 있고 아침, 점심, 혹은 저녁식사를 정해진 시간에 제공한다.

(5) 카페테리아(Cafeteria)

손님이 직접 음식을 가져다 먹는 방법으로 보통 진열대에 진열되어 있으며, 카운터에서 요금을 지불하고 음식을 고객이 직접 식탁으로 운반하여 식사하는 셀프서비스 방식의 간이식당으로 기업이 종업원 식당을 운영할 경우 이 방법을 많이 적용하고 있다.

(6) 단체급식(Feeding Facilities)

회사나 기업체, 학교의 구내식당으로 주로 비영리적 혹은 복지차원에서 운영되는 경우가 많으나 용역서비스에 의해 저렴한 가격으로 식사가 제공되기도 하는데, 주로 카페테리아식 서비스 방식으로 운영된다.

(7) 런치카운터(Lunch Counter)

음식의 조리과정을 직접 볼 수 있는 카운터에 앉아서 주문한 음식을 조리사로부터 직접 서비스받는 방식의 식당으로 빠른 서비스를 제공하며 동시에 음식의 신선함과 식욕을 촉진시킬 수 있는 특징이 있다.

(8) 리프레시먼트 스탠드(Refreshment Stand)

간편한 음식 등을 진열하여 바쁜 고객이나 잠시 휴식을 취하는 고객들에게 제공하는 음식 스탠드 혹은 식당을 말한다. 국제회의장이나 전시회장 주변에 회의 참가자들을 위한 편의시설, 휴식공간 및 음료 등을 제공하는 임시로 운영되는 시설도 있다.

(9) 드라이브인(Drive-in)

고속도로나 자동차 전용 도로변에 위치하여 자동차 여행자들이 주로 이용하는 식당으로 식당의 앞이나 옆에 주차시설을 갖추고 있는 것이 일반적이다.

(10) 다이닝카(Dining Car)

기차 여행자들을 위하여 운영되는 열차식당이 주로 해당되며 우리나라에서는 KTX, 새마을호, 무궁화호 등이 운영되고 있다.

(11) 스낵바(Snack Bar)

일종의 간이식당으로써 간단한 음식이나 음료를 제공하는 식당이다. 흔히 서서 먹기도 하며, 카운터서비스 혹은 셀프서비스 방식으로 운영된다.

(12) 코너식당(Department Store Restaurant)

백화점이나 쇼핑센터 내에 위치하여 쇼핑객들이 주로 이용하는 식당을 말하며 대체로 좌석 회전율이 높은 편이다.

(13) 드럭스토어(Drug Store)

고속도로변이나 휴양지 등에 위치하면서 주로 간이음식을 판매하는 곳이다.

(14) 식료품점(Delicatessen)

고기 · 치즈 · 샐러드 · 통조림 등의 조제 및 가공식품과 포장식품 등을 판매하는 판매점 혹은 식당을 말한다.

(15) 자동판매기(Vending Machine)

기계에 지폐나 동전 등의 현금을 넣고 원하는 품목을 누르면 음식이나 상품이 나오도록 장치된 설비나 기계를 말하며 편의시설 공간이나 휴식 공간에 이용자의 편의를 도모하기 위하여 설치된 장치이다.

17

2) 메뉴의 주요 품목에 의한 분류

나라별·지역별·민족적·문화적 특색에 따라 음식의 재료나 조리방법 등이 다양하며 그에 따라 맛과 형태가 많이 달라질 수 있는데, 미식가들뿐만 아니라 여행자들에게 차별화되고 특색 있는 메뉴를 제공하는 식당으로서 일반적으로 국가별 전통식당으로 구분된다.

(1) 한국식 식당(Korean Restaurant)

한식당은 전통적으로 좌식서비스floor service 및 가족서비스family service 방식을 쓰고 있으나 오늘날에는 테이블서비스와 카운터서비스 방식을 고루 적용하고 있다. 한식의 대표적인 음식으로 불고기, 신선로, 비빔밥 등을 들 수 있으며 쌀, 산채나물, 발효식의 김치 및 된장 음식 등과 함께 매운맛을 즐기는 것이 특징이다. 이처럼 음식이나 조리법에서는 훌륭하게 발전·보존되어 왔으나 표준식단 개발이 미흡하고 번거롭기 때문에 아직 세계적 식당으로 인정받기에는 부족하며, 우리 음식문화 발전에 장애가 되고 있는 요소들을 보면 끼니마다 기본 찬수가 너무 많아 식탁이 복잡하고 조리시간이 길며, 음식 폐기물이 많이 배출되고, 종업원 의존도가 높고, 표준조리법 개발 등이 우리 전통음식의 발전을 어렵게 하는 요소가 되므로 한식 세계화를 위해서 이를 극복할 수 있는 방안의 강구가 필요하다고 할 수 있다.

(2) 일본식 식당(Japanese Restaurant)

일본요리를 화식(和食)이라고도 하는데, 일본 전통적으로는 좌식서비스 및 가족서비스 방식을 쓰고 있으나 오늘날에는 테이블서비스와 카운터서비스 방식을 고루 적용하고 있다. 특징으로는 모든 요리가 쌀밥과 일본 술에 조화되도록 만들어졌고, 재료의 본맛을 살리기 위해 향신료를 진하게 쓰지 않는다는 것이다. 양질의 식수(食水)와 신선한 어패류가 풍부하여 생선회가 발달했으며, 식기는 기본적으로 한 사람씩 따로 쓰고 도자기, 철기, 목기 등으로 적절하게 조화시켜 요리의 공간적 아름다움을 살리고 있다. 눈으로 보는 요리라고 할 만큼 외형의 아름다움을 존중하므로 조리인의 개성이나 기술에 대해서도 까다로운 특징이 있다.

(3) 중국식 식당(Chinese Restaurant)

2천 년의 요리전문 역사와 세계 4대 문명의 발상지 중 하나인 중국은 테이블서비스와 가족서비스 방식을 고루 적용하고 있으며, 중국의 음식문화는 맛과 예술적인 면에서 최고의 전통을 자랑하고 있다. 중국의 식사방식에는 독특하게 좌식이 아닌 입식(立式)방식을 오래전부터 사용해 오고 있다.

(4) 미국식 식당(American Restaurant)

미국 식당은 전통적인 유럽요리의 기본을 갖추고 있는 서양식당의 하나이다. 테이블서비스와 카운터서비스 방식을 고루 적용하는 식당이면서, 조리와 서비스 방식에 있어서 실속 있고 합리적이며 격식을 간소화시킨 플레이트서비스Plate service를 제공하여 일명 플레이트서비스 식당이라고도 한다.

미국은 요리문화가 발달하여 최신 아메리칸 시스템에 의하여 각국 요리법을 수집하고 좋은 재료를 풍부하게 사용하므로 맛을 추구한다는 점에서는 뒤질지 모르나 양과 질에 있어 과학적인 요리를 완성하였다. 그중에서도 햄버거는 가장 미국적인 요리로 독일요리인 햄버거스테이크에 겨자와 토마토소스를 뿌려서 둥근 빵에 끼워 먹는 음식이다.

(5) 이탈리아식 식당(Italian Restaurant)

이탈리아 식당은 요리의 역사로는 프랑스 식당을 앞선다고 할 만큼 훌륭한 역사와 전통을 자랑하는 세계적인 식당으로 대표적인 테이블서비스 방식의 식당이다. 일찍이 마르코 폴로Marco Polo가 중국의 원나라에서 배워 온 면류가 오늘날 이탈리아 요리의 대명사가 된 스파게티, 마카로니 및 피자 등의 면요리Pasta food이다. 이 면요리로 인하여 이탈리아 요리는 대중적인 요리로 발전하였으며, 면요리뿐만 아니라 다양한 소스, 치즈 및 와인 등이 어우러지는 고급요리들은 유명하며 세계인들의 사랑을 많이 받는 식당 중의 하나라고 할 수 있다.

(6) 프랑스식 식당(French Restaurant)

대표적인 고급 테이블서비스 식당이며 오늘날 서양요리를 공부하는 사람들에게 요리의 근본이 되고 있고, 다양한 소스와 치즈 및 와인으로 프랑스 요리에 화려함을 더한다. 고급스럽고 화려한 서비스 방식을 프랑스식 서비스French service라고 할 만큼 요리와 서비스 방식을 체계적으로 발전시켜 세계적으로 미식가뿐만 아니라 비즈니스맨들에게까지 많은 사랑을 받는 식당으로 유명한 고급 호텔에서 영업의 대표성을 가질 만큼 중요한 위치를 차지한다.

3) 서비스 방식에 의한 분류

서비스 기법이나 방식은 식당 운영에 있어서 매우 중요한 부분이라 할 수 있으며, 이에 따라 식당의 영업전략이 바뀌거나 영업전략에 따라 서비스 방식을 맞추어야 하는 기술적인 면에서 매우 중요하게 다뤄져야 할 부분이다. 서비스 방식을 결정하는 요소factors는 다음과 같다.

① 식당의 시설the type of the catering establishment

② 고객의 부류the type of the customer

③ 영업시간the time available for the meal

④ 좌석의 회전율the turnover of seats

⑤ 메뉴와 메뉴가격the menu offered and the price

⑥ 식당의 위치the site of the establishment

이상과 같은 요소들에 따라 서비스 방식을 결정짓게 되며, 대표적인 서비스 방식은 테이블서비스table service, 카운터서비스counter service, 카페테리아서비스cafeteria service, 셀프서비스self service, 룸서비스room service 등으로 구분된다.

(1) 테이블서비스(Table Service)

유럽에서 초기 식당의 개념을 갖고 있는 전통적이고 기본적인 서비스 방법으로, 테이블에서 고객의 식사주문이 이루어지며, 또한 주문된 음식이나 요리가 서비스 종사원에 의해서 제공되는 서비스 방식을 말한다.

① 러시안 서비스Russian service : 보조테이블을 이용하므로 게리동 Guéridon서비스라는 명칭으로 더 많이 사용되기도 하는 러시안 서비스는 간단한 조리기구와 함께 주방에서 준비된 음식이나 요리를 쟁반이나 서비스 트롤리trolley를 이용하여 테이블까지 운반하고 보조테이블을 이용하여 고객에게 음식이나 요리를 제공하는 서비스 방식을 말한다.

② 잉글리시 서비스English service : 일명 플래터서비스platter service라고도 하는데, 웨이터가 음식이나 요리를 플래터를 이용하여 손님에게 직

접 서브하는 방식을 말한다.

③ 프렌치서비스French service : 요리와 식당문화의 선구자로서 요리기술 못지않게 서비스 방식까지 매우 발달되어 있으며, 일반 시민층의 음식문화나 요리의 수준이 매우 높아서 가정에서 즐기는 가족적 서비스 방식 또한 특색 있게 발달하여 고급식당의 서비스 방식과 함께 두 가지의 서비스 방식으로 소개된다.

④ 아메리칸서비스American service : 주방에서 접시에 담긴 완성된 요리를 웨이터가 직접 손님의 테이블까지 운반하여 서브하는 방식의 서비스로 보조테이블이나 서비스 트롤리를 이용하지 않고 주방에서 준비된 음식접시plate를 그대로 손님에게 전달한다는 뜻에서 붙여진 이름으로 회전이 빠른 대중식당이나 빠른 서비스를 요구하는 경우에 사용되며, 최근의 서비스는 대부분 이 방법을 사용하고 있다.

(2) 카운터서비스(Counter Service)

카운터를 이용하여 주방이 개방된 상태에서 이루어지는 서비스 방식으로 고객은 주방의 조리과정을 볼 수 있으며, 카운터서비스 요원은 많이 이동하지 않고 서비스 제공에 필요한 것들을 제공할 수 있도록 손이 쉽게 닿을 수 있는 곳에 준비되어 있어야 한다.

(3) 카페테리아서비스(Cafeteria Service)

준 셀프서비스semi-self service 형식을 취하고 있으며, 음식이나 요리가 준비되어 있는 카운터에서 종사원이 담아주는 음식이나 요리를 직접 받아 테이블로 가서 식사하는 서비스 방식이다.

(4) 셀프서비스(Self Service)

자신의 기호에 맞는 음식이나 요리를 직접 접시에 담아 식탁으로 옮겨서 식사하는 방식으로 일종의 뷔페서비스와 비슷하다.

(5) 룸서비스(Room Service)

호텔이나 모텔에서 객실 투숙객들의 주문에 대하여 객실까지 서비스하는 방식이다.

4) 경영방식에 의한 분류

(1) 프랜차이즈 계약경영 형태의 식당

프랜차이즈란 상품의 유통·서비스 등에서 프랜차이즈(특권)를 가지는 모기업franchisor이 체인에 참여하는 독립점franchisee을 조직하여 형성하게 되는 연쇄기업을 말한다.

프랜차이저는 가맹점에 대해 일정지역 내에서의 독점적 영업권을 부여하는 대신 가맹점으로부터 특약료royalty를 받고 상품구성이나 점포·광고 등에 관하여 직영점과 똑같이 관리하며 경영지도, 판매촉진 등을 담당한다.

(2) 프랜차이즈 시스템에 대한 정의

프랜차이저가 프랜차이지franchisee에게 상품공급 혹은 기술, 영업방식 등 모든 노하우를 제공하고 대가로서 로열티나 기술 이전료 등을 받는 시스템이라고 모리슨Alstair M. Morrison 2이 정의하였다.

---

2 Alstair M. Morrison, Hospitality and Travel Marketing, Delmar Publisher Inc., 1989.

① 법률적 정의

프랜차이즈에 대한 법무자료를 통해 보면, 프랜차이즈는 프랜차이저와 프랜차이지가 일정한 형태의 계약관계에 의해서 그 효력을 발휘할 수 있기 때문에 법적인 측면의 개념 정립이 필요하며, 공법상 프랜차이즈라 함은 통상 국가주권에 속하는 권리를 사인(私人)에게 특별히 부여하는 일정의 특권이나 특허를 의미하나 상법상으로는 타인의 상표 등을 사용하여 그의 지도와 통제하에 특정한 사업을 배타적으로 영위할 수 있는 권리를 의미한다.[3]

② 경실련

프랜차이즈 계약은 일반적으로 상호·상표·서비스 방식, 영업방식의 사용권, 프랜차이지에 대한 프랜차이저의 지도·조언 및 통제, 프랜차이지의 점포·영업자본 제공·로열티 등 사용료의 지급, 당사자의 법적 지위의 상호 독립성이라고 정의[4]한다.

③ 프랜차이즈협회(International Franchise Association)

프랜차이즈 사업운영은 프랜차이저와 프랜차이지 간의 계약관계이며, 프랜차이저는 프랜차이지의 사업에 대하여 자기사업에 있어서의 노하우와 교육과 같은 분야에서 계속적으로 이익을 제공하거나 지지하는 반면에, 프랜차이지는 프랜차이저가 보유하고 있거나 통제하는 유통의 상호, 양식format, 절차에 따라 영업을 행하고, 자기자본으로 자기사업에 상당한 자본을 투자한다고 정의[5]한다.

---

3 법무부, 프랜차이즈의 법리, 법무자료 제115집, 1989, p. 10.
4 경실련, 프랜차이즈 계약의 문제점과 개선방향, 경실련 공청회, 1995, p. 2.
5 이준호, 여행업에 있어서의 Franchise 계약에 관한 연구, Tourism Research 제8호, 1944, p. 286.

④ 콜타만(Michael M. Coltaman)

프랜차이즈란 프랜차이저와 프랜차이지 간의 법률적 계약형태로 이루어지는 사업으로서 프랜차이저는 경영 노하우, 서비스기법, 레시피 등의 경영활동에 필요한 축적된 자료를 프랜차이지에게 제공하고, 프랜차이지는 이에 대한 대가로서 수수료, 로열티 등을 지불하고 영업이 지속적으로 이루어지도록 협력해 나가는 상호의존형 영업방식이라고 정의6한다.

⑤ 프랜차이즈시스템의 유형

형태(유형)	종 류
계약 내용에 따른 유형	① 상품판매형 프랜차이즈 ② 영업형 프랜차이즈 ③ 생산 및 공정플랜트 프랜차이즈
권한에 따른 유형	① 단일 프랜차이즈 ② 복수 프랜차이즈 　가. 지역 프랜차이즈 　나. 마스터 프랜차이즈
목적에 따른 유형	① 상품유통을 목적으로 하여 채용하는 프랜차이즈 ② 프랜차이즈 비즈니스로서의 프랜차이즈
유통단계에 따른 유형	① 도매 프랜차이즈 ② 소매 프랜차이즈
체인 형태	① 일반 연쇄점 ② 임의 연쇄점 ③ 프랜차이즈 체인
서비스 제공에 따른 유형	① 상품 및 상호형 프랜차이즈 ② 기업형 프랜차이즈
기타 업종, 업태별 유형	① 서비스 프랜차이즈 ② 소매업 프랜차이즈 ③ 외식업 프랜차이즈

---

6 Michael M. Coltaman, Start and Run a Profitable Restaurant, International Self-Counsel Press, Ltd., 1991, p. 89.

⑥ 프랜차이저와 프랜차이지의 장단점

구 분	프랜차이저	프랜차이지
장 점	① 개점비용이 들지 않는다. ② 단시일 내 다점포 전개 가능 ③ 재고부담이 없다. ④ 단시간 내 지명도가 높아진다. ⑤ 가맹금과 로열티 확보로 안정된 사업수행이 가능	① 무경험자 사업가능 ② 투자리스크의 최소화 ③ 지속적 연구개발 지원 ④ 인재 확보가 용이 ⑤ 적은 자본으로 사업가능 ⑥ 본부의 인지도 노하우 활용 가능
단 점	① 독금법 관련 소송이 많다. ② 한 가맹점이 과실을 범해도 전체 가맹점에 영향을 준다. ③ 매뉴얼 준수규약 무시 ④ 가맹점의 집단탈퇴와 압력 단체화 ⑤ 가맹점 탈퇴 후 독립영업 ⑥ 부실채권 발생 우려	① 본사 위주의 일방적 계약 ② 계약 중도탈퇴 곤란 ③ 로열티나 지도료의 과잉 지불 ④ 프랜차이즈를 악용한 사기수법이 많다. ⑤ 본부능력 의존도가 높다. ⑥ 물품의 고가구매 강요
책 무	① 프랜차이즈시스템의 철학과 목적의 명확화 ② 확실한 경영이념과 목표설정으로 경영윤리관 확립 ③ 본사의 기능과 역할 증대 ④ 가맹점에 대한 소속감, 동질성, 공감대, 신뢰도 형성	① 가맹자로서의 계약 이행 ② 자립적 경영자세 확립 ③ 본사 프랜차이즈 패키지를 통한 고객에 대한 인지도 제고

자료 : 한국산업훈련연구소, 외식비즈니스, 1992, p. 47.

(3) 리퍼럴 조직계약시스템(Referral Contract System)

프랜차이즈 혹은 체인 경영방식의 회사들이 증가함에 따라 독립경영업체들independent management firms이 경쟁에 위협을 느껴 지역적 혹은 다국적으로 상호협력에 대한 계약으로 이루어진 조직 형태를 말한다.

① 합자연쇄 경영시스템

합자연쇄 경영이란 투자방식에서 재단법인, 공공단체 혹은 기관과 개인 투자자와의 합자에 의한 소유형식을 취하는 것으로 주로 호텔, 모텔, 콘도미니엄, 가족호텔, 휴양지시설업, 요양원, 수련원 및 각종 복지시설 등의 설립에서 적용되는 투자 혹은 경영방식이다.

② 위탁계약 경영시스템

계약경영contract management에 의해서 기업의 경영을 책임지는 것으로, 주주회사는 운영이나 판매에도 관여하지 않고 위험이나 손실에도 관여하지 않으면서 수탁료를 지불하는 조건으로 기업상품의 판매를 전문회사인 제3자에게 위탁하는 체인경영의 일종이다.

③ 임차계약 경영시스템

임차경영이란 토지 및 건물의 투자에 대한 자금조달능력을 충분히 가지고 있지 않은 전문기업이 토지 및 건물의 소유주로부터 그의 사용에 대한 임차계약을 체결함으로써 사업 영유권을 가지는 경우를 말한다.

④ 독립경영 형태의 식당

독립경영 형태의 식당이란 1인 혹은 소수인원의 자기자본 투자와 경영기술로 운영되거나 경영되는 식당 또는 기업의 형태를 말한다. 독창적인 특성을 살릴 수 있는 장점이 있으나, 일반적으로 영세하여 시설이나 광고·홍보전략 투자에 대한 한계점, 경험부족, 아이디어의 부재 및 의사결정 구조의 단순화로 인한 위험요소 등이 주요 문제가 될 수 있다.

4. 프랜차이즈식당 선정 시 고려사항

1) 프랜차이즈식당 선정 시 고려사항

현대사회에서 직장인들의 은퇴시기가 빨라짐에 따라 제2의 인생을 준비하는 사람들이 늘고 있다. 이들은 프랜차이즈식당에 관심이 높으며, 자연스럽게 외식시장에 눈을 돌리고 있다. 하지만 안심하고 투자할 본부를 선택하는 것이 중요하다.

① 프랜차이즈 본사가 광고하는 고소득 보장을 주의해야 한다. 사업설명회나 과장된 브로슈어 등 그 내용에 현혹되어서는 안 된다. 사업이란 이윤을 전제하기 때문에 화려한 수식어가 사기라 할 수는 없다. 선택은 본인의 몫으로 잘 알지 못한 부분에 대한 결정은 전적으로 자신에게 책임이 있다.

② 구체적인 비전 없이 계약을 서두르는 본사를 조심해야 한다. 트렌드와 메뉴개발, 매뉴얼, 물류시스템, 노하우, 직원교육, 인테리어 등 목표와 비전을 제시할 수 있어야 한다. 계약을 종용하거나 후회할 것처럼 상황을 연출하는 등 계약을 서두를 경우 꼼꼼하게 확인해야 한다.

③ 프랜차이즈 본사에 대한 사전조사를 철저히 해야 한다. 자신이 원하는 업종이나 업태를 결정했다면 본사를 방문하여 기업의 정보 공개서를 확인해야 한다. 가맹계약을 체결한 후 의도적으로 부도를 내고 도망가는 경우도 있기 때문에 분위기를 파악하는 것이 중요하다.

④ 프랜차이즈 본사의 가맹 보증금이나 로열티가 없다는 파격적인 조건을 조심해야 한다. 보증금이나 로열티는 본사가 당연히 받아야 할 지적 재산권이다. 본부를 운영하는 최소 비용으로 금액을 받지 않겠다고 한다면 어디에서 그러한 운영경비가 유입되는지 확인해야 한

다. 예비자들에게 솔깃한 제안은 계약 후 문제점이 될 수 있다.
⑤ 가맹점 수가 너무 많거나 적다면 의심해야 한다. 가맹점 수가 적다는 것은 초기단계로 고객에게 알려지기 위한 노력이 필요하다. 시간이 지났는데도 늘어나지 않는다면 원인이 무엇인지 파악해야 한다. 한편 가맹점 수가 지나치게 많다면 상권이 포화상태이거나 유효성이 떨어져 성장이 어려울 수 있다. 좋은 상권은 먼저 선점하여 안정된 수익을 창출하는 점포가 있기 마련이다.

2) 프랜차이즈시스템의 문제점

프랜차이즈시스템은 현대사회의 정보와 기술을 바탕으로 IT와 접목하여 주목받는 경영방식이다. 전문점, 유통업, 소매점으로 활성화되고 있으며 누구나 기술이나 경영능력, 노하우 없이도 쉽게 경영할 수 있어 갈수록 그 규모와 시장성은 커지고 있다. 또한 대형화하거나 현대화, 표준화하여 규모를 확장시키며, 안정된 고객을 확보하면서 고품질 서비스로 해외시장의 문호를 넓히고 있다. 따라서 글로벌 환경에서 맞는 매뉴얼과 시스템 개발로 활성화시켜야 한다.

첫째, 특정 기업이 대형화하는 데는 한계가 있어 세계화에 어려움이 있다. 예를 들어 대기업 프랜차이즈 출점 '역세권 100m 이내'로 제한했다.

둘째, 낮은 신뢰도는 가맹점과의 불신으로 발전에 걸림돌이 된다. 상호 간의 정보공개서 열람과 취급상품, 운영방법, 규제 등의 공개를 필요로 한다.

셋째, 프랜차이즈사업의 발달은 특정 산업의 편중현상을 초래했다. 베이비부머 세대들은 퇴직 후 창업 1순위로 외식업을 선택했다. 상대적으로 높은 비중을 차지하며, 1점포당 방문 고객 수가 적어 부실화 가능성이 높다. 정책적인 뒷받침과 대책이 필요하다.

넷째, 정부의 자금지원과 조세상의 혜택이 저조하다. 정부 차원의 지원은 소상공인 창업 및 개선자금으로 특정 범위에 한정함으로써 소수의 자영업자들은 혜택을 받지 못했다. 기존의 유통 정보화, 물류 표준화, 전문상가 건립 등은 제한적으로 확장되지 못하고 있다.

다섯째, 전문인력 부족으로 양성기관이 부족하다. 프랜차이즈 본사 및 관련학교, 학과, 협회 등 정기적인 교육으로 인재를 양성하지만 국가가 인증한 공인 프로그램이 미흡한 실정이다.

여섯째, 글로벌경영에서 국제화가 미흡하다. 국내에서 성공한 토종 브랜드가 해외에 진출하여 성공한 사례는 일부에 불과하다. 하지만 다국적 피자전문점들 속에서 국내 토종브랜드가 1위를 차지하여 국외로 진출한 사례도 있다.

3) 프랜차이즈시스템의 발전 방안

프랜차이즈시스템을 개발하기 위해서는 대외적인 환경변화를 수용하면서 국민 경제와 복지후생을 증대시킬 수 있는 중장기적 목표를 설계해야 한다. 국제화에 맞는 표준화와 산업에 기여할 수 있는 경쟁력으로 삶의 질을 향상시킬 수 있다.

① 국가 경제 성장과 발전에 기여할 수 있다. 프랜차이즈 기업의 발전은 연관사업의 고용창출로 실업률을 줄일 수 있다.
② 소비자의 복지후생을 증대시킬 수 있다. 수도권 인구편중으로 지방과 도시 간의 격차가 벌어지고 있다. 문화, 쇼핑공간, 외식, 학교, 생활시설 등의 편차을 완화시킬 수 있다.

③ 유통구조의 선진화로 국제적인 경쟁력을 가질 수 있다. 프랜차이즈
　시스템의 정착은 상거래질서 확립과 무자료 관행을 불식시켜 조세
　형평성에 따른 의무를 다할 수 있다. 물류기지 현대화와 유통환경
　개선, 비용절감 등 국제화에 맞는 경쟁력을 가질 수 있다.

제2장

식당경영 종사원의
위생과 서비스 매너

1. 식재료 위생관리의 목적 및 범위

식재료의 신선도와 질은 음식의 질과 위생 및 안전성 확보와 직결되므로, 식재료를 구입할 때는 규격기준을 분명히 제시하고 이에 따라 검수를 철저히 하여야 한다. 즉 식재료의 구입 및 검수, 보관 등과 관련한 위생관리의 기준을 제시해야 한다.

1) 식재료 구입

잠재적 위험성이 있는 식재료의 규격기준을 정하여 이를 준수하고, 식재료를 공급하는 업체의 선정 및 관리기준을 마련, 위생관리 능력과 운영능력이 있는 업체를 선정함으로써 보다 신선하고 질이 좋으며 위생적으로 안전한 식재료를 구입하여야 한다.

〈식재료 위생관련 규격 설정〉

구 분	식재료 규격	비 고
곡류 및 과채류	1. 1차 농산물은 원산지를 표시한 제품	거래명세서에 표기
어류, 육류	2. 육류의 공급업체는 신뢰성 있는 인가된 업체	
	3. 육류는 도축검사증명서, 등급판정확인서가 있는 것	도축검사증명서, 등급판정확인서 첨부
	4. 냉장, 냉동상태로 유통되는 제품	
어·육류 가공품	5. 검사를 필한 제품	
	6. 유통기한이 표시된 제품 및 유통기한 이내의 제품	거래명세서에 표기
	7. 냉장, 냉동상태로 유통되는 제품	
난 류	8. 위생란	
김치류	9. 인가된 생산업체의 제품	

구 분	식재료 규격	비 고
	10. 포장상태가 완전한 제품	
양념류	11. 살균처리하여 포장한 제품	
기타 가공품	12. 모든 가공품은 유통기한이 표시된 것, 포장이 훼손되지 않은 것, 유통기한 이내의 제품	거래명세서에 표기

〈공급업체 선정 및 관리기준〉

구 분	공급업체 선정 및 관리기준	비 고
업체의 위생관리능력	1. 공급업체는 체계적인 위생기준 및 품질기준을 구비하고 이를 준수하고 있는가?	
	2. 공급업체가 위치한 장소 및 보유시설, 설비의 위생상태는 양호한가?	
업체의 운영능력	3. 회사에서 요구하는 식재료 규격에 맞는 제품을 공급하는가?	
	4. 반품처리 및 각종 서비스를 신속하게 제공하는가?	
	5. 납품절차가 표준화되어 있고 관련문서가 구비되어 있는가?	
	6. 신선하고 양질의 식재료를 공급하는가?	
	7. 회사에서 정한 시각에 식재료가 납품되는가?	
	8. 식재료의 포장상태가 완벽한 제품인가?	
운송위생	9. 운송 및 배달 담당자의 식품 취급방법이 위생적인가?	
	10. 냉장 배송차량을 이용하여 식재료를 운반하고 냉장·냉동식품의 온도는 기준범위 이내인가?	

2. 식재료 검수

검수는 구매의뢰에 따라 식재료 납품업체가 공급하는 식재료에 대하여 품질, 신선도, 수량, 위생상태 등이 회사의 요구기준에 부합되는지를 확인하는 과정이다. 선 납품, 후 검수는 식재료의 위생 및 안전에 중대한 영향을 미칠 수 있으므로 납품 시 검사요원이 반드시 입회하여 검수한다.

1) 검수 시 유의사항

① 식재료를 검수대 위에 올려놓고 검수하며, 맨바닥에 놓지 않도록 한다.
② 식재료 운송차량의 청결상태 및 온도유지 여부를 확인 기록한다.
③ 식재료명, 품질, 온도, 이물질 혼입, 포장상태, 유통기한, 수량 및 원산지 표시 등을 확인하여 기록한다.

온도기준	·냉장식품 : 10℃ 이하 ·냉동식품 : 냉동상태 유지(-15℃ 이하), 녹은 흔적이 없을 것 ·전처리된 채소 : 5℃ 이하(일반채소는 상온, 신선도 확인)

④ 검수가 끝난 식재료는 곧바로 전처리과정을 거치도록 하되, 온도관리를 요하는 것은 전처리하기 전까지 냉장·냉동 처리한다.
⑤ 외부포장 등의 오염 우려가 있는 것은 제거한 후 조리실에 반입한다.
⑥ 검수기준에 부적합한 식재료는 자체규정에 따라 반품 등의 조치를 취하도록 하고, 그 조치내용을 검수일지에 기록·관리한다.
⑦ 곡류, 식용유, 통조림 등 상온에서 보관 가능한 것을 제외한 육류, 어패류, 야채류 등의 신선식품은 당일 구입하여 당일 사용을 원칙으로 한다.

2) 반 품

식재료 검수결과 신선도, 품질 등에 이상이 있거나 규격기준에 맞지 않는 식재료는 반품하고, 검수기준에 맞는 식재료로 재납품할 것을 지시한다. 반품 시에는 반드시 반품확인서를 발행하며, 반품이 재발되는 업체에 대하여는 납품참여 제한 등 제재조치 방안을 강구토록 한다.

3) 식품별 검수방법

구 분	품 명		검 수 기 준
곡 류	쌀		· 색택이 맑고 윤기가 있어야 한다. · 곰팡이 냄새 등이 없어야 한다. · 낟알이 잘 여물고 고르며 덜 익은 쌀이 거의 없어야 한다. · 수분이 15~16%로 적당히 마른 것(수분이 많으면 변질 우려)이어야 한다. · 병충해 등이 없어야 한다. · 싸라기가 적고 돌 등이 없어야 한다. · 가공한 지 오래되지 않으며 쌀알에 흰 골이 생기지 않아야 한다.
채소류	엽채류	깻잎	· 짙은 녹색을 띠고 향기가 나며 흰색 반점이 없어야 한다. · 잎이 마르지 않고 벌레 먹지 않아야 한다.
		대파	· 줄기가 시들거나 억세지 않아야 하며, 줄기부분에 흰색 반점 등이 없어야 한다. · 흰 부분이 굵고 길어야 하며 부드러워야 한다.
		배추	· 잎이 두껍지 않고 연하며 굵은 섬유질이 없어야 한다. · 속에 심이 없고 알차야 하며, 누런 떡잎이 없어야 한다.
		상추	· 품종에 따른 고유의 색택을 띠며(청상추 : 청색, 붉은색 등), 잎의 크기가 적당하여 너무 넓거나 크지 않아야 한다. · 잎이 상하거나 짓무르지 않아야 한다.
		시금치	· 잎이 연녹색을 띠고 넓어야 하며 벌레 먹지 않아야 한다. · 억센 줄기나 대가 없으며 무른 부분이 없어야 한다.

구 분	품 명		검 수 기 준
		양배추	· 심이 작고 속이 알차야 한다. · 잎이 연하고 떡잎이 없어야 한다.
	근채류	감자	· 잘 여물고 단단해야 하며 청색이 나지 않고 흠이나 부패한 부분이 없어야 한다. · 표면에 골이 많이 지지 않고 매끄러워야 한다.
		깐 마늘	· 윤기가 흐르고 알이 단단해야 한다. · 깨물었을 때 탁 쏘는 맛이 오래도록 강하게 나야 한다. · 껍질은 완전히 제거되고 끝에 흠집이 있거나 썩어서는 안 된다.
		당근	· 외관상 모양이 통통하고 윗부분과 아랫부분의 굵기 차이가 많이 나지 않아야 한다. · 표면이 매끄러워야 하며 갈라진 부분이 없고 눈이 적어야 한다. · 절단 시 심이 없고 심 부분이 주위와 같은 주황색이어야 한다.
		무	· 속이 꽉 차 있고 육질은 치밀하며 단단하고, 연하고 무거워야 한다. · 흠집이 없고 곧으며 뿌리 부분에 잔털이 많지 않아야 한다. · 절단 시 바람이 들지 않고 까만 심이 없어야 한다.
		양파	· 외피가 짓무르지 않고 상처가 없어야 하며, 촉감은 단단하고 딱딱해야 한다. · 싹이 트지 않고 껍질은 광택이 있어야 한다. · 깐 양파의 경우 적황색의 껍질이 벗겨져 흰색의 하얀 내피가 드러나야 한다.
	과채류	오이	· 품종 고유의 색택(취청오이 : 진녹색, 다다기 : 연녹색)을 띠고, 가시가 많아야 하며 탄력이 있어야 한다. · 휘어지지 않고 굵기가 일정해야 하며, 씨가 적어야 한다. · 담백한 맛과 수분 함량이 많아 맛이 강해야 한다. · 육질이 사각사각해야 한다.
		청고추	· 선명한 녹색을 띠고 윤기가 나야 하며, 맵지 않고 단맛이 나야 한다. · 휘어지지 않고 섬유질이 연하며 꼭지가 마르지 않아야 한다. · 생식용의 경우 질겨서는 안 되고 신선해야 한다.

구 분	품 명		검 수 기 준
	호박		• 품종 고유의 색택(애호박 : 연녹색, 돼지호박 : 진녹색)을 띠며, 윤기가 나야 한다. • 외형이 굵고 타원형이며 윗부분부터 아랫부분까지 크기가 균일하여야 한다. • 표피는 조금 단단해야 하며 깨지거나 변색된 부분이 없어야 하고 흠집이 없어야 한다. • 육질이 연하고 꼭지가 마르지 않아야 한다.
육 류	쇠고기		• 근육 속에 우윳빛 섬세한 지방이 고르게 많이 분포되어 있어야 한다. • 고기의 색이 선홍색을 띠며 윤기가 나야 한다. • 지방색은 유백색이어야 한다. • 결이 곱고 미세하며 탄력이 있어야 한다.
	돼지고기		• 고기의 색이 분홍색을 띠는 붉은색이어야 한다. • 지방의 색이 희고 굳은 것이어야 한다. • 고기의 결이 곱고 탄력이 있어야 한다.
어패류	외관	표면	• 윤이 나고 싱싱한 광택이 있어야 한다. • 비늘이 단단히 붙어 있어야 한다.
		눈알	• 혼탁이 없어야 한다. • 혈액의 침출이 적어야 한다.
		아가미	• 신선한 선홍색을 띠어야 한다.
		복부	• 복부가 갈라지지 않아야 한다.
	냄새	전체 아가미	• 이취를 느끼지 않아야 한다. • 불쾌한 비린내가 나지 않아야 한다.
	단단함	등, 꼬리, 복부	• 손가락으로 누르면 탄력을 느낄 수 있어야 한다. • 내장이 단단하여 탄력이 있다.
	점액질	표면	• 손으로 만져도 거부감이 느껴지지 않아야 한다.

3. 저장 및 출고 관리

1) 저장관리

(1) 저장관리의 의의

식재료의 사용량과 일시가 결정되면 구매관리를 통해 구입한 식재료를 검수과정을 거쳐 출고할 때까지 변질, 손상되지 않은 상태에서 그대로 보관·관리하게 된다.

(2) 저장관리의 목적

저장관리는 첫째, 식자재의 손실을 최소화함으로써 적정 재고량을 유지한다. 둘째, 물품의 적절한 분류·보관을 통해 체계적이고 위생적인 안전상태를 유지한다. 셋째, 원활한 입·출고 업무를 수행하기 위해서 필요하다. 넷째, 식자재의 도난 및 부패방지를 위해서 필요하다.

(3) 저장고의 기본요건

① 생산지역과 검수지역의 거리가 가까운 곳에 위치해야 한다.
② 운반동선을 고려하면 납품장소와 저장고가 가능한 직선단거리에 위치하는 것이 효율적이다.
③ 저장고는 입출고가 용이한 장소에 위치시키는 것이 바람직하다.
④ 한 건물, 같은 층에 검수지역과 저장고, 생산지역이 가까운 곳에 있으면 보다 효율적으로 운영할 수 있다.

(4) 저장방법

① 냉장실에 저장하는 식재료는 저장기간이 길지 않은 식재료가 대부

분으로 냉장고의 보존온도가 5~10℃ 이하의 식품들을 저장할 수 있도록 유지되어야 한다.

② 냉동실 저장의 식재료는 저온상태에서 장기간 저장을 필요로 하는 냉동식품이다. 식품의 변질, 세균번식 방지 등 품질저하를 억제시켜야 하므로 온도관리를 철저히 해야 한다. 적정온도는 18℃ 이하를 유지하고, 냉동식품 저장공간을 충분히 확보해야 한다.

③ 식품창고에 저장할 수 있는 식재료는 곡물, 건어물류, 조미료류, 근채류 등으로 상온에서 보존이 가능한 식품을 저장하는 방법이다. 25℃ 이하, 습도는 50~60%가 적당하다.

2) 출고관리

(1) 출고관리의 의의

저장된 식재료를 각 사용부서에 공급하는 일련의 과정으로 담당자의 책임과 권한이 동시에 부여된다. 식재료관리 활동에서 가장 마지막 단계에 이루어지는 활동으로 기본방향과 목적은 매일 적정 재고량을 유지하면서 출고하는 데 있다.

(2) 출고관리의 절차

① 식재료청구서 내용에 의한 식재료 출고관리는, 사용부서에서 작성한 식재료청구서food requisition의 작성내용에 의거하여 출고가 이루어진다.

② 식재료청구서의 처리순서는 제출된 수령의뢰서 순서에 따라 출고가 이루어진다. 그러나 예약이 없었던 행사가 갑작스럽게 생겨 추가적인 물품청구가 있을 경우, 예외적으로 조치할 수 있다.

③ 출고업무 담당자의 처리과정은 저장창고에서 출고되는 식재료의 원활한 출고업무를 위해 품목별로 청구서를 각각 구분하여 출고할 수 있도록 해야 한다.

④ 물품취급에 따른 업무 효율성은 출고관리자가 식재료를 취급할 경우 일의 능률과 위생을 위해서 손수레 등을 이용하는 것이 바람직하다.

⑤ 식재료 출고 이후의 사후관리는 물품청구서의 내용에 따라 출고시킨 뒤, 그 내용을 장부에 기록하여 접수한 계원의 사인을 받아 보관해야 한다. 특히 재고관리 차원에서 중요하다.

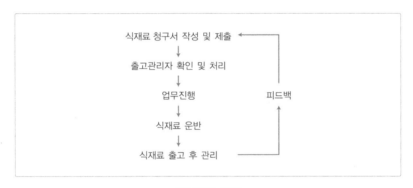

출고관리 절차

(3) 출고관리방법

① 선입선출법FIFO : First-In First-Out은 먼저 입고되었던 식재료부터 순서에 따라 출고하는 방법이다. 보편적인 식재료 출고방법으로 구매에서부터 출고 전까지 생산일자, 구입일이 빠른 식재료를 선별하여 출고하는 방법이다.

② 후입선출법LIFO : Last-In First-Out은 나중에 입고된 식재료를 먼저 출고하는 방법이다. 이는 업장의 특별행사, 사전예약이 되어 있지 않은 경우 등으로 인해 진행될 수 있는 출고방법이다. 가능하다면 후입선

출법의 사용은 자제하는 것이 바람직하다.

4. 주방의 위생 및 관리

식품의 위생과 안전은 국민건강을 위하여 아주 중요한 위치에 서게 되었으며, 법적인 제도장치도 점점 강화되고 있다. 그러나 음식점이나 단체급식 등에서의 식중독 발생건수 또한 점차 늘어나고 있는 추세이다.

위생관리의 목적은 주방에서 식용 가능한 다양한 식품을 취급하여 음식 상품을 고객에게 직접 제공하는 과정에서 일어날 수 있는 식품위생상의 위해를 방지하고 고객의 안전과 쾌적한 식생활 공간을 보장하는 데 있다.

1) 개인위생 및 유니폼관리

① 신체는 청결히 하며 위생복은 항상 깨끗하게 유지한다.
② 손은 항상 깨끗이 씻고, 손톱은 짧게 자른다.
③ 화장실에 다녀온 후에는 반드시 손을 깨끗이 씻는다.
④ 손에 상처가 나면 즉시 치료하고 직접적인 조리업무를 하지 않는다.
⑤ 정기적인 신체검사 및 예방접종을 받는다.
⑥ 음식물 앞에서는 기침이나 재채기를 하지 않는다.
⑦ 맛을 볼 때에는 작은 그릇에 덜어 맛을 보며 조리용 국자 등을 사용하지 않는다.
⑧ 조리사는 항상 자신의 건강을 중요하게 생각하고 과음, 과로, 흡연, 수면부족 등을 피한다.

(1) 일반규칙

① 고르고 청결하게 깎은 머리

② 머리를 감싸기 위한 하얀 모자

③ 목에 묶은 스카프

④ 조리복 하얀 상의 : 청결하고 긴 소매

⑤ 조리복 하의 : 청결

⑥ 청결한 손 : 자주 씻어야 하며, 특히 용변을 본 후에는 손을 꼭 씻는 다. 어떤 일을 하든지 씻은 손으로 조리작업을 한다.

⑦ 아주 짧고 깨끗한 손톱 : 절대 식당용 칼 등으로 다듬지 말 것

⑧ 흰 앞치마 : 무릎까지 와야 한다.

⑨ 행주 : 청결하고 잘 말려야 하며, 앞치마의 끈에 부착하여 둔다(더운 냄비를 잡기 위함).

⑩ 신발 : 안전화 착용 의무화, 만약의 사고(화상·충격)에 대비

⑪ 음료·음식·담배 등을 과하게 하지 말 것

⑫ 실습생은 신체 및 복장, 위생이 필수적이다.

⑬ 타인의 건강을 당신의 건강과 마찬가지로 여겨야 한다.

⑭ 당신의 실수로 음식이 오염되는 것을 피해야 한다.

⑮ 어떤 상황에서도 청결함(도덕적·물리적)은 조리사가 갖고 있는 직 업의식을 표현하게 된다.

(2) 유니폼

① 깨끗하게 다림질된 규정된 유니폼을 착용한다.

② 자신에게 맞는 크기의 유니폼을 착용한다.

③ 손상된 유니폼은 즉시 교환하여 착용한다.

④ 단추를 풀어 놓거나 형태를 변형시켜 착용하지 말아야 한다.

⑤ 양쪽 소매는 조리 시 불편할 경우 2~3번 접는다.

⑥ 업무시작 전 반드시 유니폼 상태를 점검하고 주방에 들어간다.

(3) 앞치마

① 앞치마는 쉽게 더러워지므로 자주 세탁하여 깨끗하게 착용한다(오염 시 수시로 교체).

② 세탁한 앞치마는 구김이 없도록 다림질하여 착용한다.

③ 착용하는 방법은 우선 앞치마를 배에 대고, 끈을 허리 뒤에서 둘러 배 왼쪽 우근까지 돌린다.

④ 화장실을 이용할 때는 앞치마와 모자를 착용하지 않는 것이 원칙이다.

(4) 안전화

① 안전화는 물체의 낙하와 충격 및 날카로운 물체로부터 발을 보호하고, 안전사고를 방지하는 데 있다.

② 흰색을 제외한 검은색 계열의 안전화를 착용한다.

③ 바닥이 미끄럽지 않은 것으로 착용한다.

④ 신발의 뒷부분을 구겨 신지 않는다.

⑤ 양말을 반드시 신고 착용한다.

⑥ 더러워진 신발은 깨끗이 세척하여 청결을 유지한다.

(5) 얼 굴

① 수염과 코털은 청결하고 깔끔하게 관리한다.

② 짙은 화장은 피한다.

③ 향이 강한 화장품이나 향수는 사용하지 않는다.

④ 입에서 악취가 나지 않도록 주의하며 식후에는 양치질을 한다.

⑤ 시계, 반지, 귀걸이 등 액세서리는 착용하지 않는다.

주방에서 각종 액세서리를 착용하거나 일시적으로 귀에 밴드를 붙여 액세서리를 가리는 행위는 위생과 서비스에 문제가 생길 수 있다. 조리 도중 액세서리를 만지면 금속성분 등의 각종 유해물질이 음식물에 들어가거나 손을 통해 음식을 오염시킬 수 있다.

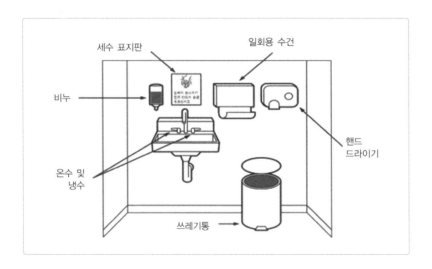

(6) 손·손톱

① 손톱은 항상 짧게 잘라 깨끗하게 관리한다.

② 손톱에 매니큐어는 바르지 않는다.

③ 조리 등의 업무 시 손은 항상 청결을 유지하여야 한다.

④ 조리 중에 바이오 크린콜로 손소독을 자주 한다.

⑤ 매뉴얼에 의한 손 씻기를 실행한다.

(7) 모 자

① 앞·뒤를 구분하여 앞쪽부터 쓴 다음 뒤쪽을 살짝 눌러 착용한다.
② 모자는 접지 말고 깨끗하게 사용하며, 지저분해지면 바로 교환한다.
③ 모자 안쪽에 이름을 기입하고, 바깥 면에는 낙서하지 않는다.
④ 머리에 고정시켜 단정하게 착용한다.

(8) 머 리

① 앞이나 옆머리의 머리카락은 모자에서 흘러나오지 않게 잘 정리한다.
② 뒷머리카락은 옷깃에 닿지 않도록 한다.
③ 긴 머리카락은 반드시 Dark계열의 머리 망을 사용하여 정리한다.
④ 머리망 사용이 불가능한 길이의 긴 머리카락은 반드시 묶는다.
⑤ 실핀은 요리에 들어갈 수 있으므로 가급적 사용하지 않는 것이 좋다.

2) 식품위생

① 식품이 식중독 및 각종 전염병의 원인균에 오염되지 않도록 조심하고, 의심스러운 식품은 사용하지 않는다.
② 조리할 식품은 미생물에 오염되지 않도록 살균한 후 저온에서 단시간 저장한다.
③ 식품의 반입, 저장, 조리과정에서 유해물질이 혼입되지 않도록 주의한다.
④ 과일 및 채소류는 흐르는 물에 깨끗이 씻어 사용한다.
⑤ 불량, 부정식품의 반입을 막기 위하여 식품에 관한 정보를 수집하고, 식품 판별법을 숙지하여 식품점검을 수시로 한다.

3) 주방시설 위생

(1) 시설위생의 의의

주방을 위생적으로 유지시키는 목적은 위생적으로 음식을 생산하며, 각종 장비의 청결관리로 시설의 수명을 연장시키고, 식재료의 안전한 유지·보관 및 원활한 사용을 하기 위함이다.

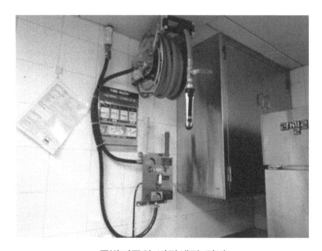

주방기구와 바닥세정 장비

(2) 시설위생의 목적

① 위생적인 음식생산

② 각종 장비의 청결관리로 시설 수명연장

③ 식자재의 안전한 유지·보관 및 원활한 사용

(3) 위생적인 시설을 유지하기 위한 사항

① 주방은 항상 깨끗한 상태를 유지할 수 있도록 1일 1회 이상 청소를

한다.

② 주방 실내온도는 16~20℃, 습도는 70% 정도가 적당하며, 항상 통풍이 잘되도록 환기시설을 가동시킨다.

③ 주방의 조명은 70~100룩스lux 정도가 좋으며, 가능한 자연채광효과를 얻을 수 있도록 한다.

④ 정기적인 방제소독을 실시하고, 각종 해충을 구제할 수 있는 기본적인 시설관리 대책을 수립한다.

⑤ 주방관계자 외에 외부인의 출입을 금하고 주방 내에서는 금연한다.

⑥ 폐유used oil는 하수구에 버리지 말고, 보관 후 담당자에게 의뢰하여 처리한다.

가. 주방청소
- 적어도 매일 1회 이상 청소한다.
- 천장·바닥·벽면도 주기적으로 청소한다.

나. 냉장고·냉동고
- 내부는 항상 깨끗하게 사용, 온도관찰에 유의한다.
- 선반과 구석진 곳은 특별히 청결하게 한다.
- 냉장고 청소 후에는 내부를 완전히 말린 후에 사용한다.
- 선입선출을 실시하며 유효기간이 지난 것은 폐기한다.

다. 기기류(믹서, 스팀솥, 오븐레인지, 슬라이스 머신)
- 사용 후에는 깨끗이 닦는다.
- 기계내부 부속품에는 물이 들어가지 않도록 한다.
- 칼날을 비롯한 부속품은 물기를 제거하여 곰팡이나 병원균이 서

식할 수 없도록 한다.

- 딥 프라이deep fry, 튀김기의 경우 기름은 매일 뽑아내어 거르거나 교체한다.
- 용기는 세제로 세척하여 찌꺼기가 남아 있지 않도록 한다.
- 석쇠grill면은 영업종료 후 윤이 나도록 닦는다.
- 스팀steam솥은 조리 후나 세척 후 물기가 남지 않도록 세워둔다.

라. 기물류

- 파손이나 분실되지 않도록 사용 후에는 반드시 제자리에 놓는다.
- 주방냄비(주물프라이팬)는 사용 상태에 따라 정기적으로 대청소(세척 후 불에 태운다)한다.
- 브로일러broiler와 쇠꼬챙이는 사용 후 세척한다.
- 오븐 속에서 자주 사용하는 팬pan은 음식물과 기름이 눌어붙어 탄소화되지 않도록 매번 닦는다.
- 금속재질로 알루미늄이 아닌 것은 과도한 열을 주지 않는다.
- 다음 사용자를 위하여 깨끗이 세척하여 열처리를 마친 후 제자리에 보관(이때 세제는 사용하지 않는다)한다.
- 칼은 사용 후 재질에 따라 적당한 처리를 한 후 보관한다.
- 도마는 사용 후 깨끗이 씻어 물기를 제거하여 둔다(도마 전용 소독기 권장).
- 모든 기물은 부피가 작은 것이라도 함부로 던지지 않는다.
- 모든 기구나 기물은 주방바닥에 내려놓은 채로 방치하지 않는다.
- 기물세척 시 재질이 서로 다른 기물은 분리하여 세척한다.

마. 주방바닥

주방의 바닥은 시공하기 힘들고 복잡하다. 바닥에는 배수관과 가스·전기 등 배관이 묻혀 있거나 다양한 기구를 설치해야 하므로 하중이 튼튼하도록 시공되어야 한다. 바닥재는 주방의 안전과 위생에 있어서 중요하기 때문에 올바른 선택을 해야 한다.

① 주방은 식재료를 다루기 때문에 청소하기에 용이해야 한다.

② 다양한 주방장비 및 기물을 설치하므로 바닥의 하중에 견딜 수 있는 재질로 시공한다.

③ 바닥은 물과 기름기를 흡수하지 않는 재질로 시공되어야 한다.

④ 작업 시 미끄럼방지를 위해 식재료의 반입구, 냉장·냉동고의 바닥 등의 높이가 달라야 한다.

⑤ 바닥의 배수구 설계 시 1/100의 경사로 시공하여 청소 후 물고임 없이 자연스럽게 빠져 나가게 설계되어야 한다.

바. 주방 벽

벽은 유공성이 적고 흡습성이 낮아 탄성이 좋은 재질을 사용해야 한다. 장식용뿐 아니라 위생에도 효과적인 재질을 사용하며, 쉽게 청소할 수 있어야 한다. 소음을 최대한 흡수하며, 먼지가 잘 보일 수 있는 색을 선택하는 것이 바람직하다. 벽 재료로는 세라믹타일과 스테인리스 스틸재가 주로 이용된다. 페인트칠은 벽 마감재로 습도가 낮은 곳에 사용하기 때문에 습기가 많은 조리대 주변에 사용해서는 안 된다. 특히 납 성분의 페인트는 절대 사용하면 안 되며, 유독성 페인트뿐만 아니라 쉽게 벗겨져 각질이 일어나는 페인트는 물리적으로 오염시킬 수 있으므로 사용하지 않는 것이 좋다. 일반적으로 사용되는 마감재는 자기타일, 모자이크타일, 내수합판, 금속판, 합성수지 등이다.

사. 주방 천장

주방의 천장은 조명기구·배선 등이 부착되어 화재의 위험성이 높으므로 석면 계통의 재료를 사용하고 바닥에서 천장까지 높이를 적절하게 고려해야 한다. 천장의 소재는 내습성과 내열성이 강한 내화보드나 코팅 처리된 불연성 석면 계통이 사용된다.

① 바닥면에서 2.5m 이상의 높이로 한다.

② 이중천장 구조로 평평하여 청소하기 용이하게 한다.

③ 밝은 색채로 도색을 한다.

아. 주방 창문과 출입구

창문과 출입구는 주방과 홀이 상호 연락이 용이하도록 설치해야 한다. 「식품위생법」상 창문과 출입구에 대한 규정은 다음과 같다.

① 조리장과 객실은 화장실과 격리시키고, 출입구에는 자동 개폐문을 설치한다.

② 문의 사용 여부에 따라 방충망의 설치, 크기, 모양, 문 여는 방법 등을 고려한다.

③ 창문의 위치는 건물 외관상 디자인을 참고하며 크기, 높이, 위치 등을 결정한다.

④ 가능하면 자연광을 이용하는 것이 이상적이다.

자. 환기시설

환기시설이란, 주방 내부에서 음식을 조리하는 동안 발생한 증기, 기름냄새, 가스, 열 등을 주방 밖으로 배출하는 것을 말한다. 새로운 공기를 주방 안으로 공급하여 조리작업의 쾌적한 환경을 조성하고 분위기를 유지해 주는 역할을 한다.

차. 조명시설

주방 내 조명은 업무의 효율적 운영이 가능하게 설계되어야 한다. 업무의 원활한 흐름을 유지시켜 주면서 청결함을 돋보이게 해야 한다. 조명을 설치하는 데 요구되는 사항은 색깔에 따라 음식 고유의 색상이 변할 수 있으므로 주의해야 한다. 조명의 방향에 따라 눈부심이 발생할 수 있으므로 이를 고려해야 한다. 주방 특성상 습기가 많으므로 조명기구는 천장이나 벽에 매립형으로 설치하고 뚜껑을 설치하는 것이 좋다. 「식품위생법」상 조명에 대한 규정은 다음과 같다.

① 작업대 위의 모든 면이 조도 40룩스lux, 창문면적이 바닥면적의 1/4 이상, 자연광을 충분히 받아들일 수 있는 구조여야 한다.

② 원재료의 보관장소 안은 신문활자를 읽을 수 있는 정도의 조도로 바닥에서 1m 정도의 높이에 50룩스 이상 설치해야 한다.

(4) 주방 수칙

가. 주방의 금지사항

• 유효기간이 지난 통조림, 신선하지 않은 생선, 또는 잘 알지 못하는 버섯 및 상한 식품을 사용하지 않는다.

• 구리로 된 집기에 음식을 오래 담아두지 않는다.

• 냉장실에 더운 음식과 매운 냄새를 풍기는 음식(썰어 놓은 양파 같은 것)을 넣지 않는다.

• 지저분한 표면을 닦을 때 사용한 스펀지·솔·행주는 그 밖의 다른 용도에 사용하지 않는다.

- 아이스크림을 놓을 때, 비위생적인 물속에 오랫동안 담겨 있던 숟가락을 사용하지 않는다.
- 주방에서 금연한다.
- 요리 위에서 재채기하거나 침을 튀기며 말하지 않는다.
- 코에 맺혀 있는 땀을 닦을 때 손가락이나 부엌 행주를 사용하지 않는다.
- 음식을 식히기 위해 그 위에다 부채질을 하지 않는다.
- 음식의 장식을 위해 사용하는 원뿔형 주머니의 끝을 입으로 빨아 먹어서는 안 되며, 손가락에 침을 묻히지 않는다.
- 간장에 손을 넣어서도 안 되며, 맛본 후 헹구지 않은 숟가락을 담그지 않는다.
- 제대로 감기지 않은 붕대 아래의 상처를 만지지 않는다.
- 건조한 가운데 비질을 하지 않는다.

나. 시설관리
- 언제나 충분히 냉동될 수 있고, 청결하고(벽·바닥·도관 등) 완벽한 기능을 보유한 냉장실이 있어야 한다.
- 체계적으로 쥐·바퀴벌레 등을 소탕해야 하며, 모든 종류의 동물(고양이·개 등)이 주방에 있어서는 안 된다.
- 집기들은 깨끗하게 늘 제자리에 보관한다.
- 음식장식을 위해 사용되었던 주머니들은 사용 후 항상 삶도록 한다.
- 베인 상처는 물기가 스며들지 않게 붕대로 잘 싸맨 다음 손가락 덮개를 씌워준다.
- 손톱은 항상 짧게 깎고 손질을 하며, 용변 후에는 꼭 손을 씻는다.
- 쉽게 상할 식품들과 차가운 요리 등은 냉장실에 보관한다.

• 중독증세가 있을 때에는 의사에게 문의한다.

(5) 작업구분과 환경적 분리

주방은 오염구역과 비오염구역으로 구별해서 환경적으로 분리해야 하며, 동선의 흐름을 비오염구역에서 오염구역으로 정하고, 식재료의 흐름은 오염구역에서 비오염구역으로 정해서 깨끗한 식재료가 오염되는 일이 없어야 한다.

(6) 소 독

소독 · 살균의 방법에는 자비소독, 증기소독, 자외선조사 등의 물리적 방법과 살균, 소독제와 같은 약품을 이용하는 화학적 방법이 있다. 주방에서 사용하는 행주의 경우에는 소독이 필요 없는 일회용을 많이 사용하며, 식기의 경우에는 자동세척기에서 세척과 소독이 동시에 이루어진다. 도마는 중성세제나 클린저를 이용하여 온탕에서 수세미로 잘 문질러 닦은 후 소독한다.

(7) 청소의 용이성

주방의 위생관리는 주방에서 식품을 다루는 기구와 장비들을 효과적으로 활용하기 위해 청결하게 유지할 수 있도록 하는 관리활동을 말한다. 배치방법에 따라서 청결관리가 용이해지며, 장비의 재료에 따라서 위생적 관리가 쉬워진다. 그리고 바닥, 벽, 천장의 재질은 외관과 함께 청결과 유지 보수가 용이하도록 선택되어야 한다.

4) 보관시설 및 설비의 구조

① 보관실은 제품의 출입 작업이 원활하게 이루어지도록 충분한 넓이 의 공간이 확보되어야 한다.

② 청소가 용이하고 청결하게 제품을 보관, 관리할 수 있는 구조로 되어 있어야 한다.

③ 보관실은 격벽 또는 칸막이로 타 장소와 구분한다.

④ 충분한 내구성을 지니며, 여름철에는 보관실 내 온도가 급격히 상승하는 것을 방지하기 위한 유효한 조치를 강구해야 한다.

⑤ 직사광선을 차단하는 구조

⑥ 외부로부터 먼지 등 오염 방지가 가능한 구조

⑦ 외부로 개방된 창 및 흡·배기구에는 철망 등을 설치하고, 출입구에는 자동문 등을 설치하여 곤충이 침입하는 것을 방지한다.

⑧ 조리장 등에서 발생하는 증기 및 냄새가 스며드는 것을 방지하는 구조

⑨ 실내 바닥 등 내벽을 내수성의 재료를 이용하여 축조 또는 치장

⑩ 보관실의 실내 기체부피에 맞는 흡인력이 있는 환기장치 설치

⑪ 보관실에는 각 실에 정확한 온도계 및 습도계를 종사자가 보기 쉬운 위치에 설치

⑫ 보관실에는 식품 등을 넣은 용기포장이 직접 바닥에 접촉하지 않도록 보조받침 등을 설치

⑬ 제품의 종류 및 특성에 맞게 냉장실 및 냉동실을 설치

⑭ 보관용기는 유해한 물질이 유출될 위험이 없는 재질로 되어 있어야 하며, 세정 및 소독이 용이한 구조

5) 보관시설 및 설비의 관리

① 보관실은 1주일에 1회 이상 청소
② 곤충 등의 발생상황은 한 달에 1회 이상 점검하며, 6개월에 한 번 이상 구제작업을 실시하고 그 기록을 1년간 보존
③ 온도계 · 습도계 등은 정기적으로 정확도를 점검하고 기록
④ 보관실에는 불필요한 물품을 놓지 않는다.
⑤ 보관실 내의 제품은 직사광선 및 고온다습을 피하고 보조받침대 등의 받침 위에 놓아서 보관한다.
⑥ 제품의 보관 수량 및 출입 시 수량 · 일시 등을 제품의 종류별로 기록 정리한다. 또한 보관 제품에는 보관 개시 일시를 명시하고 먼저 들어오고 나간 것을 점검한다.
⑦ 냉장 · 냉동실
  • 주 1회 이상 청소
  • 항상 필요한 온도가 유지되도록 매일매일 하루 3회 이상 점검
  • 제품의 수납은 냉장 · 냉동실 용적의 70% 이하로 한정시키고 찬 공기가 충분히 대류하도록 수납
  • 문의 개폐는 신속하게 하며 최소한으로 줄인다.
  • 냉동식품에 있어서는 영하 18℃ 이하, 또 냉장보관이 필요한 제품에 있어서는 10℃ 이하로 보관
⑧ 식품이 직접 접촉하는 보관용기는 하루에 1회 이상 세정 및 소독

6) 기구·비품·식기의 관리

(1) 기구, 비품의 관리

주방 내에서의 수많은 조리기구, 기기, 비품의 명칭, 사용 목적, 취급 방

법 또는 내구연수, 수리 등의 포지션에 있어서의 각자의 파악은 물론, 조
리장은 전체의 내용들을 파악해야만 한다.

(2) 식기관리

① 재고
② 파손체크
③ 추가주문
④ 점검

주방의 기물 세척장비

7) 주방장비의 관리요령

(1) 오 븐

① 오븐을 열어젖히고 온도를 확인한 후에 분사기를 사용해서 골고루
   오븐 클리너를 뿌려준 후 약 10~15분 정도 기다린다.
② 깨끗이 긁어낸다.
③ 온수 및 뜨거운 물을 뿌려주며, 자루가 달린 솔을 사용해서 골고루
   문질러 남아 있는 오븐 클리너를 완전히 제거한다.
④ 비눗물을 사용해서 오븐 속의 전체를 수세미로 문질러준다.
⑤ 물을 뿌려서 비눗물을 제거한다.
⑥ 마른걸레로 오븐 속을 닦아낸다.
⑦ 청소의 횟수는 주당 2회 정도로 한다.

(2) 그리들

① 80℃에서 닦는 것이 가장 좋다.
② 그리들 판에 오븐 클리너를 골고루 뿌려준 다음 약 15~20분 정도 기

다린다.

③ 자루가 달린 솔을 사용해서 골고루 문지른다.

④ 뜨거운 물로 씻어낸 후 비눗물을 사용해서 닦아낸 다음 물기를 제거하고, 기름칠을 해둔다.

⑤ 재사용 시에는 칠해진 기름을 그리들이 타기 전에 닦은 후 사용한다.

(3) 틸팅팬

① 틸팅팬은 기울여서 식품을 쏟을 수 있는 팬이며, 음식을 굽고, 삶고, 끓이는 등 용도가 매우 다양하다.

② 우측 손잡이를 돌려서 팬을 기울어지게 한다.

③ 오븐 클리너를 사용해서 뿌려준 다음 10~15분 정도 기다린다.

④ 뜨거운 물로 깨끗이 씻어낸 다음 세척제를 사용해서 닦아낸다.

⑤ 마른걸레질을 해서 물기를 제거한다.

(4) 스토브후드

기름때 제거용 강력세척제를 사용한다.

(5) 제빙기

① 플러그를 뽑고 전원을 차단시켜 기계를 정지시킨 다음 얼음을 빈 그릇에 옮겨 담는다.

② 뜨거운 물을 붓고 구석구석 녹인다.

③ 수세미로 비눗물을 풀어서 골고루 문질러준 다음, 맑은 물로 두 번 정도 깨끗하게 세척한다.

④ 마른걸레로 깨끗하게 닦아준다.

⑤ 옮겨 담은 얼음을 다시 집어넣고 플러그를 연결한다.

(6) 작업대 및 스테인리스 스틸제품

비눗물을 풀어서 1번 정도 닦고 난 뒤 물로 세척하고, 마른걸레로 비눗물과 물기를 깨끗이 제거해 준다.

(7) 천 장

비눗물을 이용한 가벼운 세척만으로도 가능하다. 1개월에 1번 정도면 충분하다.

(8) 배수로

① 드레인 위에 덮어 놓은 쇠철망을 들어서 옆으로 넘어지지 않게 세운다.
② 자루가 달린 긴 비를 이용하여 물과 고여 있는 음식찌꺼기를 망이 있는 곳까지 쓸어낸다.
③ 드레인의 뚜껑을 열어젖힌다.
④ 두 손을 여과망의 양 손잡이를 잡고 들어 올린다.
⑤ 들어 올린 망을 통에 쏟아 붓는다.
⑥ 들어낸 망을 원위치시킨다.
⑦ 2단계와 3단계에 고여 있는 기름때는 3일에 한 번 정도 기구를 사용해서 퍼내야 한다.

(9) 포트 워시

주방에서 사용된 모든 포트류를 닦아야 하며, 닦은 포트류는 각각 분류해 놓아야 한다.

(10) 기물 세척기

① 수평회전식

좌에서 우로 계속 회전하여 닦고자 하는 기물을 컨베이어 벨트에 꽂아 주면 스스로 돌면서 완전히 세척한다.

② 수직회전식

앞쪽에서 사용된 기물을 벨트에 놓아주면 뒤쪽에서 한 사람이 세척된 기물을 빼내야 하기 때문에 상당히 숙달되어야 한다.

(11) 폐기물 처리기

폐기물 처리 시 모터를 시동시키면 날개바퀴가 움직이면서 식품찌꺼기를 갈고 부셔서 고운 칩으로 만든다. 이것은 배수구로 물에 의해 씻겨 내려가므로, 가동 중 언제나 수도전에서 물을 계속 흘려보내야 한다.

(12) 냉동고와 냉장고

① 저장하고 있는 음식물의 가장 적절한 온도를 유지한다.
② 모든 기계의 표면은 쉽게 청소할 수 있어야 하고, 흡수성이 없는 재료를 사용한다.
③ 불의 밝기는 기계 안에서 라벨을 읽을 수 있을 정도로 한다.
④ 기계 안의 선반은 연장을 사용하지 않고도 쉽게 떼어낼 수 있어 청소하기 쉬워야 한다.
⑤ 내부는 날카로운 가장자리나 코너가 없어야 한다.
⑥ 녹슬지 않아야 하며, 조각이 나지 않고 금이 가지 않아야 한다.
⑦ 워크인 유닛은 벽과 바닥을 봉합함으로써 틈을 없애 습기나 해충발생이 없도록 해야 한다.

8) 주방청소 시 유의할 점

① 청소할 때 문지르지 말고 솔로 닦아야 한다.
② 갑판용 솔을 사용하고, 솔질 후에는 뜨거운 물을 많이 부어 씻어내야 한다.
③ 용역 종업원 1~2명에게 철야작업을 시켜 천장이나 벽 등 청소하기 어려운 곳을 닦도록 한다.
④ 특수 스테인리스 스틸 클리너를 써야 한다.
⑤ 알루미늄 스프레이 페인트를 준비, 녹이 나는 테이블 다리 등을 칠한다.
⑥ 나무로 된 테이블은 전부 스테인리스 스틸로 덮고, 나무 도마 대신 플라스틱 도마를 사용한다.

9) 쓰레기 처리와 위생

① 쓰레기통은 새지 않아야 하며, 방수성이 있어야 하고, 쉽게 청소할 수 있고, 해충이 침투하지 못하고 튼튼해야 한다.
② 쓰레기나 폐기물 통은 봉합된 콘크리트에 보관해야 한다.
③ 정해 놓은 쓰레기통 이외에는 쓰레기를 쌓아놓아서는 안 된다.
④ 음식물을 준비하는 장소에서는 쓰레기를 될 수 있는 대로 즉시 제거하여 냄새나 해충의 출입을 방지해야 한다.

⑤ 통은 철저히 자주 청소해야 한다.
⑥ 쓰레기통을 씻을 때는 뜨거운

물과 찬물, 바닥 배수시설이 필요하다.

⑦ 분리수거를 철저히 한다(쓰레기통 색깔 또는 봉투색으로 분리수거
를 하기도 한다).

10) 쓰레기 처리의 관리

식당의 쓰레기와 오물은 쓰레기 반출구를 통해서 식당 내부로부터 외
부로 반출되는데, 이 쓰레기 및 오물이 반출되는 과정에서 쓰레기와 식당
의 재산인 식재료 및 비품이 쓰레기와 함께 반출되는 경우가 있기에 철저
한 감독과 체크가 요구된다.

11) 세척관리

세척관리는 오염된 식기나 기물 및 기기 등을 세정하고 살균·건조시키
는 과정이다. 한 번 사용한 물건은 세척해야 하며 주방공간에 배치되어 있
는 장비나 기물 및 기기는 항상 청결한 상태로 유지해야 한다. 또한 정확
하게 숙지하고 있는 것이 위생적이며, 사용연도를 늘릴 수 있는 방법이다.

(1) 세제의 성질

세제는 크게 알칼리성, 중성, 산성제품으로 나뉜다. 알칼리성과 산성에
는 여러 가지 강도가 있으며 사람의 피부에 닿으면 피부의 손상을 가져온
다. 그러므로 이런 세제를 사용할 때는 보호용 장갑을 사용하고, 특히 눈
에 들어가지 않도록 조심해야 한다. 만약 부주의로 눈에 들어갔을 때는
즉시 흐르는 물로 씻어 응급조치를 한 후 병원으로 가야 한다.

① 세제사용 세정법

세정액은 사용 후 바로 온수로 헹구어야 하며, 희석하다가 사용하지 않은 경우에는 헹구어도 다량의 세정액이 기기나 가구류에 남아 있게 된다. 소독제로 세정할 때에는 식기와 식품의 소독이 필요할 때 이용되는 세척방법으로 주로 소화기계 전염병이나 식중독 등을 예방하기 위해 사용된다.

② 계면활성제

계면활성제는 수용액 속에서 표면에 흡착하여 표면장력을 현저하게 저하시키는 물질로 표면활성제라고도 하며, 기름 등과 접하면 흡착하여 물 속으로 기름을 분산시킨다.

(2) 세제의 종류

① 디스탄(Distan)

계면활성제이다. 사용방법은 기물에 묻은 오물을 중성세제나 물을 사용하여 깨끗이 세척한 후 규정에 따라 희석한 디스탄액을 용기에 담고 은도금된 기물을 디스탄액에 약 3초 정도 담갔다가 꺼낸 후 더운물로 충분히 헹군다.

② 린즈(Linze)

린즈는 계면활성제로 식기세척에 사용되며, 재빨리 건조시켜 주는 작용을 한다. 식기세척기에 부착되어 있는 린즈 드라이 디스펜서에 넣어주고 저장통에 연결시키면 항상 일정한 물량이 식기세척기에 자동으로 투입된다.

③ 사니솔(Sanisol)

강력한 세척·살균·악취제거 능력을 가진 세제로 계면활성제이며, 안정성이 높은 염소가 다량 함유되어 있는 약알칼리성 세제이다. 살균력이 강하기 때문에 식기세척기에 사용하면 식기는 위생적인 상태로 세척된다.

④ 오븐 클리너(Oven Cleaner)

계면활성제로 강한 알칼리성 세제이다. 강력한 세척력을 가지고 있어서 기름때와 묵은 때를 쉽게 세척할 수 있다. 피부나 눈에 닿지 않게 주의해야 하며, 부식성이 많아서 깨끗이 헹구지 않으면 스테인리스 제품도 변색된다.

⑤ 론자(Lonza)

계면활성제이며 수질의 부패방지 및 이끼제거제로 사용된다. 식기세척기의 경우는 약 10분 동안 가동시킨 후 론자를 투입하고 다시 10분 정도 가동하면 이끼나 물때가 완전히 제거된다.

⑥ 팬 클리너(Fan Cleaner)

계면활성제이며 중성세제이다. 주로 주방에서 기물류나 그릇류를 손으로 세척할 때 혹은 배기후드에 있는 기름때나 벽, 타일 등을 세척할 때 사용한다.

⑦ 디프스테인(Dipstain)

알칼리성 세제이며, 세척 시 손으로 문지르거나 비비지 않고 간단히 씻어내는 세척제이다.

⑧ 애시드 클리너(Acid Cleaner)

애시드 클리너는 특수세제와 애시딕 포스페이트의 혼합물로 오물 세척 작용과 스케일 제거작용이 강한 세제이다. 청량음료, 접시세척 등에 많이 사용하며 세척 후 깨끗한 물로 헹구어 잔류물이 남지 않게 해야 한다.

12) 행주의 위생

(1) 행주의 세균오염과 소독

행주에 부착된 포도상구균의 제균효과를 보면 수세만으로도 상당수의 균을 제거할 수 있지만, 실제의 생활에 이용될 만한 균 감소는 되지 않기 때문에 소독과정을 거쳐야 한다.

(2) 행주의 가열살균과 그 후 처리과정

세정 중성세제를 써서 세탁 → 헹굼 철저히 → 열탕소독(끓는 물속에서 30분) → 건조(자외선 건조, 천일 건조, 풍건)

13) 식기류의 세척 및 관리

(1) 글라스 세척

세척 당시 립스틱 자국이 있으면 솔을 이용하여 닦은 후 글라스 랙에 담아야 하며, 헹굼 물이 충분히 뜨거워지면 닦아내야 한다.

(2) 식 기

은식기를 위한 특별한 세척기는 대규모 주방에서 사용된다. 은식기를 닦는 기계는 매우 작은 금속 볼을 가진 물통에서 굴려짐으로써 닦인다.

(3) 타월의 이용

접시나 포크, 나이프 등을 닦아낸 후 물기를 닦아내기 위해 타월을 사용해야 한다면, 타월의 면이 묻어나지 않는 면 타월을 이용해야 한다.

(4) Cleaning의 3원칙

① Keep Orderly(항상 정돈된 상태) : 산뜻한 클리니스Clinis의 실행과 보다 능률적인 활동을 하기 위해, 또 재료의 로스관리를 철저히 하기 위해 대단히 중요하다.
② Keep Dry(항상 물기 없는 상태) : 우리들이 생활하며 일하는 장소인 업장은 물기가 없고, 밝은 환경과 청결감과 위생 면에서 깨끗해야만 잡균이나 곰팡이 등이 번식하지 않는다.
③ Keep Shiny(항상 빛나며 반짝반짝 닦여 있는 상태) : 광택소재를 세심히 닦아 빛내야 할 것은 빛나게 닦아 청결감을 높여주어야 한다.

(5) 깨끗한 접시와 식기의 저장

잘 닦인 접시는 곧바로 서빙장소나 주방에 준비되는 것이 좋지만, 나머지 많은 접시들은 깨끗한 선반에 저장되어야 하며, 먼지나 해충, 습기 또는 다른 이물질로부터 보호되어야 한다.

(6) 통풍과 위생

통풍시스템은 연기나 스팀, 기름과 농축물을 음식물 준비하는 곳과 장비에서 제거해야 한다.

(7) 식기류 첫 손질의 중요성

① 스테인리스 스틸 : 세척할 때 제품의 2/3 정도까지 물을 붓고 중성세
제와 식초를 혼합하여 끓여낸 다음 깨끗이 닦아내면 요리과정에서
음식이 눌어붙거나 변색되는 것을 방지할 수 있고, 광택도 오랫동안
유지할 수 있다.

② 알루미늄 코팅 프라이팬 : 코팅된 프라이팬의 첫 손질은 부드러운 스
펀지에 세제를 묻혀 닦아낸 다음 따뜻한 물로 헹구어내고 물기를 없
앤 후 식용유를 얇게 발라주면 코팅이 된다.

(8) 가공수지 프라이팬 손질·보관법

① 세제를 사용하여 깨끗하게 닦아준 뒤 곧장 사용하면 된다.

② 요리 후 더러워진 프라이팬은 바로 닦아주어야 한다.

③ 가열된 프라이팬의 때는 세제물로 쉽게 벗겨지기 때문에 부드러운
스펀지로 살짝 문지르면 손쉽게 지워진다.

(9) 철 프라이팬 손질·보관법

① 사용하기 전에 미리 길들이는 작업이 중요하다. 강한 불에서 팬을
충분히 달군 뒤 기름을 팬에 1/3 정도 붓고 가열한다.

② 충분히 가열한 후에는 종이 타월로 깨끗하게 닦아내는데, 기름막이
생기면 요리가 눌어붙지 않고 요리를 쉽게 할 수 있다.

③ 세제를 사용하면 기름막이 지워지므로 뜨거운 물로 씻어주기만 한다.

④ 지단용이나 핫케이크를 만들 때 적당하다.

(10) 사용 전 프라이팬 손질방법

① 불소수지 가공팬은 따로 길들이는 작업이 필요 없이 세제를 묻힌 스

펀지로 더러움을 제거하면 곧바로 사용할 수 있다.

② 동으로 만든 팬은 시중에 그리 많이 나와 있지는 않지만 먼저 기름을 붓고 약한 불에서 달구다가 약한 연기가 나기 시작하면 기름을 버리는 작업을 2~3회 반복하면서 기름이 배도록 한다.

③ 프라이팬에 눌어붙은 때를 제거하는 법 : 먼저 물을 붓고 끓이다가 중성세제를 한두 방울 떨어뜨려 다시 끓인 다음 부드러운 스펀지로 살짝 문지르면 눌어붙은 때가 쉽게 떨어진다.

④ 동 프라이팬은 녹 방지를 위해 물로 닦아내는 것은 피해야 한다. 키친타월로 닦아내기만 하면 되므로 간편하지만, 모서리와 바깥쪽에 더러움이 남기 쉽다.

⑤ 철 프라이팬은 사용한 다음에 뜨거운 물로 씻어주어야 한다. 하지만 세제를 사용하면 표면의 기름막이 제거되어 녹이 날 수 있으므로 주의한다.

14) HACCP

(1) HACCP이란?

HACCP은 식품의 생산, 가공, 유통단계에 이르는 전 과정에서 인간에게 위해(危害)할 수 있는 요소를 분석하여 이를 사전에 중점 관리하는 선진화된 예방적 관리시스템이다. 1959년 NASA(미항공우주국)의 요청으로 안전한 우주식량을 만들기 위해 필스버리Pillsbury사와 미육군 나틱Natick연구소가 공동으로 실시한 것이 시발점이 되었다. 우리나라는 1995년 12월 29일 「식품위생법」에 HACCP제도를 도입하였으며, 제32조에 "위해요소 중점관리기준에 대한 조항"을 신설했다.

HACCP은 식품의 위해요소분석Hazard Analysis : HA과 중요관리점Critical

Control Point : CCP의 두 부분으로 구성되어 있다. 위해요소분석HA은 위해 가능성이 있는 전 공정(생산, 가공, 유통)의 흐름에 따라 분석, 평가를 한다. 중요관리점CCP은 확인된 이해요소들 중에서 중점적으로 관리해야 할 위해요소를 의미한다. HACCP은 전 공정에서 CCP를 설정하고 CCP의 설정기준에 따라 이를 관리하여 위해요소를 사전에 예방하고 식품의 안전성을 확보하는 데 있다.

(2) 국내 HACCP 도입 현황

식품의 위생과 안전, 보증평가에 관한 종래의 방식을 대체하도록 하는 UN의 FAO와 WHO의 결정, 미국 FDA 등 관련기관에서 식품 제조·유통에 대한 적용·권고에 의해 1990년대 초에 이르러 HACCP시스템이 국제적으로 널리 도입되었다. 국내에서는 식품의 안전성과 국제 경쟁력을 확보하기 위해 정부 차원에서 1995년 「식품위생법」 개정을 통해 규정을 신설하여 1996년 '식품위해요소중점관리기준HACCP'을 마련하게 되었다.

구분	일반가공식품	축산물 및 축산가공품
법적 근거	「식품위생법」 제48조 (위해요소중점관리기준)(1995.12)	「축산물가공처리법」 제9조 및 동법시행규칙 제7조(위해요소중점관리기준) (1997.12)
관련 고시	식품위해요소중점관리기준(1996.12)	축산물위해요소중점관리기준(1998.8)
운영 주체	식품의약품안전처	농식품부(국립수의과학검역원)
담당 부서	보건복지부 > 식품의약품안전처 > 안전과	농식품부 > 국립수의과학검역원 > 안전과
적용 품목	·어육가공품 중 어묵류(1997.10) ·냉동수산식품 중 어류, 연체류, 패류, 갑각류, 조미가공품(1998.2) ·냉동식품 중 기타 빵 및 떡류, 면류, 일반 가공식품의 기타 가공품 및 빙	·식품가공품 중 햄, 소시지류(1996.12) ·유가공품 중 우유, 발효유, 가공치즈, 자연치즈(1998.5) ·도축장(1998.8)(시, 도로 이관) ·유가공품 중 우유류, 발효유류, 가공

구분	일반가공식품	축산물 및 축산가공품
	과류(1996.6)	유류, 버터류(2000.2)
	· 의무적용 품목에 대한 법적 근거 마련(2002.8)	· 식육가공품 중 포장육(2001.6)
	· 의무적용 대상업소 지정 : 어묵류 등 6개(2003.6)	· 식육가공품 중 양념육류, 분쇄가공육제품, 유가공품 중 저지방우유류, 아이스크림류(2002.9)
	· 집단급식소와 식품접객업소의 조리식품, 도시락류(2003.6)	· 식육포장처리업, 집유장, 축산물 보관장, 축산물 운반업소, 축산물 판매업소 추가(2004.1)
	· 레토르트식품, 비가열음료(2002.6)	
	· 김치절임 식품, 저장성 통조림, 두부류 또는 묵류, 빵류, 소스류, 건포도류, 특수영양식품(2005.6)	· 갈비가공품, 건조 저장육류 추가(2006.3)
		· 농장(닭 등) 추가(2007.12)

(3) HACCP 도입 필요성

최근 식중독 사고가 증가하고 있어 수입육, 냉동식품, 아이스크림류 등에서 살모넬라, 병원성대장균 O-157, 리스테리아, 캄필로박터 등의 식중독세균이 빈번하게 검출되고 있다. 농약이나 잔류항생물질, 중금속 및 화학물질(다이옥신 등의 환경오염물질)에 의한 위해 발생도 광역화되고 있다. 우리나라는 더 이상 위해요소에 대한 안전지대가 아니라는 우려가 확산되고 있다. 식품의 위생안전성에 대한 관심이 그 어느 때보다 높다. 이러한 시점에 세계의 각국은 기업의 수출경쟁력 확보를 위해 위해요소를 효과적으로 제어할 수 있는 새로운 위생관리기법인 HACCP을 도입하여 식품분야에 추진하고 있다.

(4) HACCP 도입의 효과

① 식품업체 측면

기존의 정부주도형 위생관리에서 자율적으로 위생관리를 수행할 수 있다. 즉 체계적인 위생관리기법의 확립이 가능하며, 위생적이면서 안전한 식품의 제조과정 중 예상되는 위해요인을 과학적으로 규명하고 이를 효과적으로 제어함으로써 안전성이 충분히 확보된 식품생산이 가능하다. 또한 해당업체에서 수행되는 모든 단계를 광범위하게 관리하는 것이 아니라 위해가 발생될 수 있는 단계를 사전에 선정하여 집중적으로 관리함으로써 위생관리체계의 효율성을 극대화할 수 있다. 제품 불량률과 반품/폐기량 감소 등 궁극적으로 품질향상 및 비용절감 효과가 있어 경제적 이익증가를 나타내며, 회사의 이미지 제고와 신뢰성을 향상시킨다.

② 정부 측면

정부 차원에서 위생감시와 효율성을 극대화할 수 있다. 객관적으로 위생감시를 위한 지침이 제공되므로 위생적으로 안전한 식품확보를 위한 관리기준이 제공된다.

③ 소비자 측면

HACCP 마크 표시로 위생적이고 안전한 식품의 선택기회가 가능하며, 안전하게 구매할 수 있어 신뢰성을 확보할 수 있다.

5. 주방 안전관리

1) 주방 안전관리

주방이 안전한 곳이 되기 위한 첫 번째 조건은 안전에 대한 경영자의 자세이다. 종업원 한 사람 한 사람이 중요하다는 깊은 인식과 경영정신이 우선되어야 한다. 그리고 가능한 한 물리적 구조와 장비의 안전 확인 및 주방장이 안전교육을 수시로 실시하여 안전사고를 미연에 예방하는 것이다.

사전에 안전사고를 예방함으로써 사고로 인한 피해를 줄일 수 있으며, 이것은 주방장의 중요한 임무 중 하나이다.

① 각종 기계는 작동방법과 안전수칙을 숙지한 후에만 사용한다.

② 손에 물이 묻었거나 물기가 있는 바닥에 서 있을 때에는 전기 기기를 만지지 않는다.

③ 스위치를 끈 것을 확인하고 기계를 조작하거나 청소한다.

④ 전기 기기를 다룰 때에는 스위치를 끈 후에 조작한다.

⑤ 슬라이서, 반죽기, 믹서 등과 같은 장비는 기기의 작동이 완전히 멈춘 상태에서 식재료를 꺼낸다.

⑥ 작업이 끝나면 장비에 부착되어 있는 장비를 먼저 끄고 플러그를 뺀다.

⑦ 냉동실의 문은 안에서도 열 수 있는지 늘 확인하고 작동상태를 점검한다.

⑧ 주방에 물청소를 할 때에는 플러그를 비롯한 각종 기계의 스위치에 물이 접촉하지 않도록 주의한다.

2) 안전사고의 유형에 따른 유의사항

(1) 주방의 안전관리

① 행주를 칼 위에 올려놓지 않는다.

② 선반의 높은 곳에 액체가 담긴 그릇을 놓아두지 않는다.

③ 칼날을 앞으로 내밀어 들고 다니지 않는다.

④ 젖은 행주로 뜨거운 것을 들지 않는다.

⑤ 음식찌꺼기나 그 밖의 다른 것을 바닥에 버려서는 안 된다.

⑥ 바닥은 물·기름 등을 제거하여 항상 깨끗하게 관리한다.

(2) 주방의 안전사고 원인과 방지

① 불안전하게 칼 쓰는 것을 피해야 한다.

② 작업에 알맞은 칼을 사용해야 한다.

③ 날카로운 칼이 무딘 칼보다 안전하다.

④ 칼을 갈 때에는 주의를 기울여야 한다.

⑤ 항시 도마를 사용한다.

⑥ 자신 및 동료들을 보호해야 한다.

(3) 화상사고

주방에서 발생하는 화상에는 두 가지가 있다. 하나는 뜨거운 물건의 표면에 접촉하여 화상을 입는 경우이고, 다른 하나는 뜨거운 물이나 기름, 수증기 등에 화상을 입는 경우이다.

① 뜨거운 음식 등을 옮길 때에는 행주나 앞치마를 사용하지 말고, 마른행주나 헝겊 장갑을 사용한다.

② 오븐에서 조리한 후 꺼낸 팬 등은 각별히 주의한다.

③ 튀김을 할 때에는 주변을 깨끗이 정리정돈한 후에 조리한다.

④ 기름을 사용하는 조리는 기름이 튀지 않도록 유의한다.

⑤ 뜨거운 수프나 끓는 물에 재료를 투입할 때에는 미끄러뜨리듯이 넣는다.

⑥ 열과 스팀이 발생하는 장비는 안전조치를 한 뒤에 연다.

⑦ 뜨거운 용기를 이동할 때에는 주위 사람들에게 환기시켜 충돌을 방지한다.

(4) 낙상사고

① 몸에 맞는 청결한 조리복과 작업활동에 알맞은 안전화를 착용한다.

② 바닥에 식용유와 버터, 동물성 지방, 핏물 등의 이물질이 있을 때에는 즉시 제거한다.

③ 주방에서는 뛰거나 서두르지 않는다.

④ 주방 내 정리정돈을 생활화한다.

⑤ 바닥이 미끄러우면 주의표시를 함으로써 다른 종사자가 피해 갈 수 있도록 한다.

⑥ 발이 걸려 넘어질 우려가 있는 곳은 수리하거나 제거한다.

⑦ 출입구나 비상구는 항상 깨끗하고 안전하게 관리한다.

(5) 기기류

주방장은 주방 종사원의 안전과 장비의 관리를 위하여 모든 장비의 사용법, 분해, 세척법 등을 수시로 교육시켜야 한다. 기계작동 전 안전장치를 확인하고, 기계의 이상 유무를 먼저 확인해야 하며, 세척 혹은 분해 시에 전원을 끄고 기계가 완전히 정지한 것을 확인한 후에 실시한다.

장기간의 기계 사용은 금한다. 작업 중 잡담은 집중을 이완시킨다. 규정된 사용법에 따라 사용하도록 교육시켜야 한다. 작업 중에 이상이 발생하면 즉시 전원을 차단하고 확인한다.

(6) 기타

대형 냉동고에서 작업할 때에는 안전수칙을 꼭 지켜야 하고, 영하 20℃ 이하의 냉동고에서 작업할 때에는 10분 이상 초과하지 말고 밖에서 쉬었다가 다시 작업하여야 한다.

주방 바닥이 미끄러워서는 안 되며 항상 깨끗하게 청소되어 있어야 한다. 급속한 방향전환을 해서는 안 되고, 가스오븐에 불을 붙일 때에는 정면이 아닌 측면에서 해야 한다.

3) 근무 중 발생사고의 원인과 방지 방법

(1) 사고의 원인

① 불안전한 태도 : 조바심, 권태, 자만심, 부주의
② 불안전한 행동
   - 불필요한 위험 감수
   - 장난을 치거나 야단법석을 떠는 행위
   - 기구나 도구의 부정확한 사용
   - 위험신호의 무시
③ 불안전한 상태
   - 작업 시 사용하거나 만지는 기구, 도구 등이 부서진 것
   - 안전보호장치가 없는 상태
   - 방해물 혹은 음식물 등이 떨어져 있는 상태

(2) 사고의 방지

① 주의 : 어디로 가고 있는지, 자신이 무엇을 하고 있는지에 주의함으로써, 사고를 유발하는 많은 위험을 직감할 수 있다.
② 회피 : 위험을 감지할 때 사고를 방지할 수 있는 방법으로 그 위험을 회피하는 것
③ 행동 : 단체의 작업에서 중요한 요소

(3) 물건을 안정되게 들어 올리는 방법

① 두 번 들기 : 먼저 가상으로 물건을 들어 올린다.

② 물건을 들어 올릴 수 있는 가장 쉬운 방법 찾기 : 필요한 경우 도움을 요청해야 하며, 운반용 카트나 다른 기구를 사용한다.

(4) 안정된 들어 올리기 방법

① 제1단계 : 물건에 가까이 다가가서 두 발을 바닥에 힘 있게 놓는다.
② 제2단계 : 물건을 힘 있게 잡고 몸 쪽 가까이 안는다.
③ 제3단계 : 허리를 똑바로 유지한 채 두 다리의 힘을 이용하여 물건을 들어 올린다.
④ 제4단계 : 허리 부상을 최소화하는 방법
 - 급격한 동작을 삼간다.
 - 계속적으로 물건을 들어 올림으로써 과로해지는 것을 피한다.
 - 자신에게 너무 과중한 물건을 들어 올리는 것을 삼간다.

(5) 물건을 안정되게 옮기기

주방에서는 각종 조리기기, 접시 등을 운반하는 데 있어 세심한 주의는 물론 정확하게 옮겨 놓아야 한다.

4) 조리과정에서의 사고 원인과 방지

(1) 넘어짐

① 자신이 하는 일에, 또 어디로 가고 있는지에 주의를 집중해야 한다.
② 안전 위험물을 회피하고, 미끄러운 바닥과 엎질러진 물 등을 피해서 걷는다.
③ 동료들이나 자신이 버린 것을 줍고 흘려진 것들, 특히 식용기름 등을 깨끗이 닦아낸다.

(2) 베임

① 불안전한 칼 사용을 피한다.

② 작업에 알맞은 칼을 사용한다.

③ 날카로운 칼이 무딘 칼보다 안전하다.

④ 칼을 갈 때는 주의를 기울인다.

⑤ 항시 도마를 사용한다.

5) 화재 예방

가스사용 시 안전 이상 유무를 확인하고 배기관 주위와 후드, 필터, 송수관의 청소상태를 항상 점검해야 한다. 자동소화장비는 정기적으로 점검해야 하며, 주방장비는 철저한 세척으로 이물질을 없애야 한다.

전기배선이나 장비 등은 불량품 사용을 금지하고, 흡연은 흡연구역에서만 한다.

화재 예방을 위하여 확인 점검을 철저히 하며, 다음과 같은 점에 유의해야 한다.

① 화재 위험성이 있는 곳을 근본적으로 파악하고 정기적으로 점검해야 한다.

② 화재 예방에 관한 교육을 정기적으로 시켜 지식을 갖추도록 한다.

③ 소화기를 지정된 위치에 두고 소화기 있는 곳을 누구든지 알 수 있도록 하며, 사용방법을 교육하여 유사시 대비할 수 있도록 한다.

④ 안전수칙을 준수하고 기계의 수리 등은 전문적인 사람에게 의뢰한다.

⑤ 전선 플러그 등에 물이 들어가지 않도록 세심한 주의를 기울인다.

(1) 화재의 종류 및 소화기의 적용표시

<화재의 종류>   <소화기의 적용표시>

A급 화재 - 일반화재 → ○백색

B급 화재 - 유류화재 → ○황색

C급 화재 - 전기화재 → ○청색

① A급 화재 : 가연성 물질에 발생하는 화재로 연소 후 재로 남는다.

② B급 화재 : 가연성 액체나 기체에 발생하는 화재로 연소 후 재가 남지 않는다.

③ C급 화재 : 전선, 전기기구 등에 발생하는 전기화재이다.

(2) 소화기의 종류

가. 포말소화기

① 구조 : 내부용기와 외부용기에 각각 다른 약품이 들어 있어 용기를 거꾸로 흔들면 약품의 혼합과 화학반응이 빨리 일어나 배합이 쉽게 이루어져서 포말이 뿜어져 나온다.

② 사용법 : 용기를 거꾸로 한 후 노즐의 끝을 누르고 용기를 흔들고 난 후 노즐을 불꽃방향으로 한다.

③ 주의할 점 : 약품이 얼어붙거나 넘어지지 않게 보관하고 반드시 1년에 1회 약제를 교환한다.

나. 분말소화기

① 구조 : 축압식 용기 안에 불연성 가스를 축압하여 필요할 때 레버 조정만으로 분말약제가 방출된다.

② 사용법 : 손잡이 옆의 안전핀을 빼고 왼손으로 노즐을 잡고 오른손

으로 손잡이 레버를 움켜잡으면 방출되며, 바람을 등지고 사용해야
한다.

③ 주의할 점 : 직사광선과 습기가 없는 곳에 비치하고 수시로 약제를
점검하고 교환한다. 그리고 한 번 사용한 소화기는 재충전해야 한다.

| 분말소화기 | 할론소화기 | 주방천장부착용 소화기 | 간이소화기 |

6. 주방 에너지 관리

1) 전 기

(1) 전기의 특징

전기에너지의 특징은 열 효율성이 가장 높으며, 냄새나 그을음이 없고
취급이 간편한 것이다. 전기의 열효율은 65~170%이며, 단위열량당 단가
가 높다.

(2) 전기시스템

전기에너지는 주방에서 가스와 함께 가장 많이 사용하는 에너지원 중
하나로 조명이나 환기, 주방 기기류 등의 에너지원으로 사용된다. 주방
기기류의 전기시스템을 결정할 때는 먼저 건물의 전기시스템 특징을 확

인해야 한다.

2) 가 스

에너지 비용을 기초로 전기기기와 가스기기를 비교하여 필요한 기기를 선택하였을 때 에너지 비용을 더 절약할 수 있다.

가스기기는 전기기기에 비해 열 조절이 쉬우며, 내구력과 비용 면에서도 차이가 난다. 하지만 가스기기는 연소과정에서 미연소가스가 배출되므로 이를 배출할 수 있는 후드시스템을 갖추어야 한다.

(1) 도시가스와 프로판가스

도시가스는 가스공장에서 만들어지는 제조가스로서 원료는 석탄, 석유, 천연가스이다.

프로판가스는 LPG라고도 하며, 정유의 부산물로 프로판과 부탄의 혼합물이다. 특수용기에 넣어서 판매하며 열량은 도시가스보다 높고 공기보다 무거워서(1.5~2.0배) 가스감지기를 낮은 곳에 설치해야 한다.

(2) 가스버너

버너는 가스 흡입구와 공기 흡입구로 구성되어 있으며, 가스 흡입구로부터 들어온 가스는 혼합관 안의 구멍에서 공기와 혼합되어 분출구를 통해 혼합관을 거쳐 들어가서 버너의 중앙에 있는 점화봉에 의해 불이 당겨진다.

가스버너 사용 시 가스버너와 냄비 사이에 약 3cm 정도의 거리를 유지해 주는 것이 좋다. 가스는 다른 연료에 비해 취급이 편리하고 청결하며, 연소효율이 높아 현대주방에서 아주 중요한 열원 중 하나이다.

(3) 가스 사용 시 지켜야 할 수칙

① 영업시간 외에 모든 가스 사용기기는 점화봉만 남겨둔 채 불을 끈다.

② 조리 작업 시 불의 세기를 너무 과도하게 사용하지 않는다.

③ 조리 작업 시 용량이나 규격에 맞는 용기를 사용한다.

④ 정확한 조리방법을 지켜 조리과정에 따라 불의 강약을 조절한다.

⑤ 가스 사용 시 절대 자리를 이탈하지 않는다.

⑥ 가스 사용 수칙을 잘 지킨다.

3) 상수도·하수도

(1) 상수도

급수시설은 주방에서 조리업무에 적합한 물을 공급하기 위한 시설로 주방의 최대 조리업무 시간대의 급수량을 고려하여 설치해야 한다.

수도 직결 배관방식은 수도 배관의 수압을 이용하여 주방 내에 직접 급수하는 방식으로 2층 이하에서 사용된다. 고가수조 배관방식은 고층건물에 적합한 방식으로 물탱크에 저장하였다가 급수하는 방식이다.

(2) 하수도

하수시설은 주방에서 사용한 물을 하수구로 버리는 시설이다. 이때 하수도의 냄새 또는 하수 가스의 배수관 역류를 방지할 수 있어야 한다. 배수로는 U자형으로 해야 구석에 이물질이 쌓이지 않으며 깊이는 15cm, 넓이는 20cm 이상을 유지해야 한다.

(3) 스 팀

스팀은 에너지를 음식에 빨리 전달할 수 있기 때문에 주방의 중요한 에너지원 중 하나이다. 스팀은 압력이 없을 때도 온도가 100℃에 머물고, 압력이 높아지면 120℃까지 온도가 올라간다. 또한 예열이 거의 필요하지 않으므로 예열에 의한 열 손실이 없고, 열 효율성이 높기 때문에 조리시간이 짧아진다.

4) 적절한 조명

(1) 조명의 의의

조명은 직접, 간접, 산광으로 구분한다. 직접광은 빛의 근원으로부터 오는 직사광선이고, 간접광은 천장이나 벽에서 반사되는 것이며, 산광은 빛이 반투명막에 의해 제거된 광선을 가지고 퍼지는 것이다. 적절한 조명은 부정적인 느낌이나 긴장을 푸는 데 도움을 주며, 음식을 조리하고 서비스하는 데 없어서는 안 되는 것이다.

(2) 조명의 특성

① 빛의 분산

작업장의 조명배열은 빛이 전체공간에 골고루 퍼지도록 하는 것이다. 작업을 하는 일정한 공간에 더 강한 빛을 주면, 눈에 무리가 오게 되어 일정한 시간이 경과하면 시력에 영향을 주어 좋지 않게 된다.

② 반사광

반사광은 눈을 긴장시킬 뿐만 아니라 시력을 약하게 만든다. 그러므로 반사광을 줄이기 위해서는 다음과 같은 방법을 이용한다.

• 광원의 반사광을 줄이고 수를 늘린다.
• 반사광의 주위를 밝게 하여 광속 발산비를 줄인다.
• 간접조명을 사용하여 조리장의 조명을 통일한다.

• 무광택 페인트를 사용한다.

③ 빛의 색

작업장에서 빛의 색은 생산을 증대시키고 사고와 실수를 감소시키며 사기를 북돋우는 데 관계가 있다.

• 적색 : 공포, 열정, 따뜻함, 용기, 활기
• 황색 : 주의, 희망, 향상, 광명
• 녹색 : 안전, 안식, 차가움, 이상, 평화
• 청색 : 진정, 서늘함, 소극, 소원, 냉담
• 자색 : 우미, 고취, 불안, 영원

(3) 조명도구

① 백열등

전구는 오래 사용하면 밝기가 차차 어두워진다. 밝기가 처음의 80%가 되는 데까지의 시간을 전구의 수명이라고 하는데, 보통 1,000~1,200시간 정도이다. 전구의 필라멘트는 진동에 특히 약하므로 전기를 켤 때나 끌 때 주의해야 한다.

② 형광등

형광등은 발열하지 않고 조명효율이 좋아서 실내조명에 많이 사용되고 있다. 형광등은 스타트 방식에 따라 예열 형광등과 스타트 형광등으로 구별한다. 또한 모양에 따라 일직선과 원형 형광등으로 나누는데, 양쪽 끝에는 필라멘트가 있다.

형광등의 밝기는 20℃ 전후가 가장 좋으며, −5℃ 이하에서 사용할 때는 저온형광등을 사용하거나 예열원을 내장해야 한다.

③ 고압수은등

수은등은 고압으로 수은을 방전시켜 방출되는 복사선을 이용한 것이다. 수은증기는 고압으로 넣어 방전시키면 전류가 흐르며, 강한 가시광선이 나오게 된다. 빛은 자연의 빛보다 푸른색이 좀 더 강하게 방출되나 외식업소의 정원이나 옥외 조명용으로 적합하다.

④ 나트륨등

나트륨등은 발광효율이 아주 높고 수명이 길며, 황동색의 단색광이다. 연색상은 나쁘지만 색 수치가 없다.

⑤ 네온사인

유리관 양쪽 끝에 전극을 넣고 유리관 속에 네온가스를 넣은 것으로, 이 양단에 적당한 고전압을 걸어주면 가스를 통하여 방전이 일어나면서 아름다운 붉은색을 낸다.

5) 온도와 습도

온도, 습도, 환기의 관계는 설계 시에 기술자가 책임져야 하는 기술적인 부분이다. 온도와 습도는 그 건물을 이용하는 대부분의 사람들이 편안함을 느낄 수 있는 수준으로 유지되어야 한다. 사람에게 가장 쾌적한 온도는 22~25℃이다.

6) 소음조절

주방 공간 중에서 가장 소음이 많이 나는 곳은 세척장이다. 세정실과 주방 사이에 방음벽을 시공하여 소음이 전달되는 것을 제한해야 하며, 주방 내부나 천장에 기름이나 습기에 저항성이 있는 방음장치를 할 필요가 있다.

주방설계 시 소음을 줄일 수 있는 방법은 다음과 같다.

① 방음천장 설치
② 소리흡수제 코팅처리
③ 냉장, 냉동고의 컴프레서를 원거리 설치한다.
④ 조리구역에 전자식 주문기기를 설치하여 소음과 시간을 단축한다.
⑤ 작업장에 낮은 볼륨의 배경음악을 튼다.
⑥ 주방에서 세정실을 분리하고 방음벽을 설치한다.

7) 색 채

색은 단독으로 혹은 복합적으로 혼합해서 사용하여 작업자의 피로를 줄이고 사기를 향상시키며, 생산성을 증가시킬 수 있기 때문에 주방 내부의 색깔과 장비들의 색을 합리적으로 선택할 필요가 있다.

원색은 광범위하게 사용하지 않고 위험물 표시로 적색, 청색, 황색, 흑색을 구분하여 사용하면 종사원의 사고방지에 도움이 된다.

① 빨간색은 따뜻함, 정열을 상징하는 반면, 반항과 잔인함을 상징하기도 한다. 시선을 집중시켜 주는 역할을 하며 활기를 주어 빠른 리듬을 준다.
② 자주색은 엄격하고 전통적이며, 사치스럽고 우아한 느낌을 준다. 주로 달콤함, 진한 맛을 느끼게 한다.
③ 주황색은 햇살, 빛, 가을을 연상시키고, 젊음과 관련이 있으며 빨간

색과 노란색의 속성을 가지고 있다.

④ 노란색은 명랑함, 힘찬 느낌을 주는 친근한 색이다. 기쁨을 표현하고 강력하고 따뜻하며 빛을 연상시킨다. 특히 노란색은 검은색과 배치될 때 시선을 집중시키는 효과가 있다.

⑤ 초록색은 자연스러운 색이며 사람의 눈이 가장 인식하기 쉽다. 시원하고 신선한 느낌을 주며 자연의 상징으로 사용된다.

⑥ 파란색은 차가운 색이며, 환상과 자유 및 젊음의 느낌을 준다. 특히 파란색은 얼음을 연상시키기 때문에 흰색과 같이 사용하면 효과적이다.

⑦ 검은색은 죽음, 애도, 슬픔 등과 희망이나 미래가 없는 색의 느낌이 나지만 고귀함, 기품 같은 느낌도 내재되어 있다.

7. 서비스 기본 매너

1) 종사원의 마음가짐

① 항상 미소Smile 띤 얼굴로 명랑하게 대답하고 행동한다.
  • 종사원은 고객과 눈을 마주쳐서 고객의 마음을 정확하게 읽어야 하며 고객을 대할 때는 명랑하게 "Yes"라 대답하고 적극적으로 행동하는 자세를 익혀야 한다.

② 고객의 이름을 기억하고 불러준다.
  • 고객은 작은 것에서 감동한다는 것을 잊지 말아야 한다.

③ 한 발 앞서가는 서비스를 한다(One Step Ahead Service).
  • 종사원은 고객을 먼저 알아보아야 하고 고객보다 한 걸음 앞서 생

각하고 행동하며 고객들이 원하는 서비스를 먼저 제공해야 한다.

④ 서비스는 신속하고 정확해야 한다.

　• 신속하고 정확한 서비스를 위해서는 동료 간 또는 부서 간의 팀워크를 강화하고 수준 높은 서비스를 위해 서로 협력해야 한다.

⑤ 풍성한 업무지식을 갖도록 노력한다.

　• 풍부한 업무지식은 고객의 질문이나 도움 요청에 자신감 있게 대처할 수 있게 해준다.

⑥ 긍정적이고 적극적인 사고를 함양한다.

　• 긍정적인 사고를 가지고 열정적이며 일을 사랑하는 마음으로 업무에 임하는 종사원의 서비스를 고객들은 더 즐거워하게 된다.

⑦ 고객이 감동하도록 모든 고객을 나의 고객으로 접대한다.

　• 특별한 사람으로 대접받은 고객은 감사해 하고 호텔의 영원한 고객이 될 것이다.

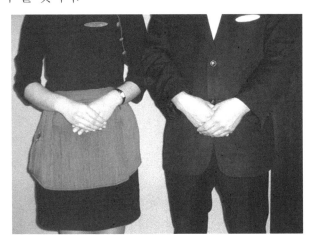

(1) 종사원이 해야 할 것

① 고객은 언제나 옳다.

89

② 고객의 이름(또는 직함)을 기억하여 호칭할 때는 반드시 사용한다.

③ 항상 밝고 웃는 표정을 연출한다.

④ 고객이 필요로 하는 것을 찾아 고객을 관찰하고 고객의 의견을 경청한다.

⑤ 고객의 요청사항을 잘못 이해하는 일이 없도록 반드시 확인한다.

⑥ 고객의 요청사항은 모든 방법을 다하여 처리되도록 한다.

⑦ 고객에게 항상 "감사합니다"라고 말한다.

⑧ 고객이 떠날 때는 반드시 배웅한다(최소한 5보 이상 함께 걷는다).

(2) 종사원이 하지 말아야 할 것

① 어떤 경우에도 고객과 논쟁하지 않는다.

② 단순히 "없습니다"라고 말하지 않는다.

③ 단순히 "모릅니다"라고 말하지 않는다.

④ 손가락으로 위치나 방향을 가리키지 않는다.

⑤ 고객 앞에서 종사원 개인의 사생활이나 회사의 문제점에 대해 이야기하지 않는다.

⑥ 고객의 사생활에 대해 묻지 않는다.

⑦ 고객들이 다니는 장소에서는 절대로 뛰지 않는다.

2) 용모 및 복장

(1) 명 찰

① 명찰은 복장 규정의 일부이다.

② 항상 부착해야 하며, 명찰을 부착하지 않으면 근무할 수 없다.

③ 명찰은 본인을 대표하는 것이므로 고의적인 훼손이나 분실을 해서

는 안 된다.

④ 닳거나 깨어진 명찰은 이름을 알 수가 없으므로 즉시 교환해서 착용해야 한다.

(2) 두 발

① 머리는 항상 단정하고 깨끗하게 유지한다.

② 여성의 경우 뒷머리는 목깃에 닿지 않는 길이를 유지하며 남성의 경우 옆머리가 귀를 덮지 않도록 유지한다.

③ 앞머리는 눈을 가리지 않으며 옆머리는 흘러내리지 않도록 한다.

④ 크고 화려하거나 컬러가 있는 핀은 사용을 피한다.

⑤ 유행에 민감한 머리형은 삼간다.

⑥ 긴 머리는 반드시 묶어 옷깃에 닿지 않는 위치에 고정시킨다.

(3) 얼굴 및 화장

① 턱수염과 콧수염은 기를 수 없다.

② 화장은 밝고 자연스러워야 하며 너무 진한 화장은 피한다.

③ 눈 화장eye shadow, eyeliner은 자연스런 색상이어야 하며 인조 속눈썹은 금한다.

④ 윤이 나는 립스틱과 짙은 색의 루즈는 피하며 엷고 자연스런 색상을 사용한다.

⑤ 향이 강한 향수나 화장품은 피한다.

(4) 액세서리

① 반지, 팔찌, 체인 등의 액세서리는 착용을 금한다.

② 목걸이도 유니폼에 어울리지 않는다고 생각되면 금한다.

③ 시계는 작고 단정한 것은 허용하나 주방 종사원은 착용을 금한다.

(5) 구강 및 손 관리

① 근무 전 반드시 입 냄새 등을 제거하고 구강상태를 점검한다.

② 식사 후에는 반드시 양치질을 한다.

③ 손과 손톱은 항상 청결하게 하며 손톱은 짧게 유지한다.

④ 손은 자주 닦고, 닦은 후에는 스킨로션을 사용하도록 한다.

⑤ 매니큐어는 깨끗한 상태를 유지해야 하며 색상은 투명해야 한다.

(6) 구 두

① 구두는 매일 손질하여 깨끗하고 빛이 나게 한다.

② 근무 시 사용하는 구두는 출퇴근 시 사용하지 않아야 하며, 근무 이외의 용도로는 착용하지 않는다.

③ 근무시간 내에 신발을 벗어서는 안 된다.

④ 오랫동안 서서 근무를 해야 하므로 발이 편하고 굽이 지나치게 높지 않은 것을 신는다.

⑤ 뒷굽이 닳거나 벗겨진 것은 수선하여 신도록 하며 구겨 신지 않는다.

(7) 복 장

① 모든 종사원의 복장은 단정하고 깨끗이 한다.

② 복장상태는 구김이나 얼룩이 없고 깨끗이 세탁한 후 반드시 다림질하여 착용한다.

③ 스커트 및 블라우스는 솔기에 실밥이 나오지 않도록 주의한다.

④ 단추가 떨어진 경우 즉시 교체하며 공공장소에서는 항상 상의 단추를 채운다.

⑤ 스타킹은 커피색, 살색 정도만을 착용하며 여분의 스타킹을 반드시 준비한다.

⑥ 여성의 경우 양말은 백색양말을 착용하되, 무늬나 레이스가 없는 것으로 한다.

3) 자세 및 태도

(1) 악수할 때

① 악수는 윗사람이 먼저 청하며 아랫사람이 손을 먼저 내밀어서는 안 된다(한국인의 경우).

② 상대의 얼굴을 주시하면서 웃는 얼굴로 손을 내민다.

③ 손은 알맞고 힘 있게 잡으며 손을 너무 세게 쥐거나 손끝만 내밀고 해서는 안 된다.

④ 인사가 끝나면 곧 손을 놓는다.

※ 주의 : 장갑을 낀 손으로 악수를 해서는 안 된다.

(2) 소개할 때

① 소개할 사람들 사이에 선다.

② 친소관계를 따져 자기와 가까운 사람을 먼저 소개한다.

③ 손아랫사람을 손윗사람에게 먼저 소개시킨다.

④ 남성을 여성에게 먼저 소개시킨다.

⑤ 사람이나 방향을 가리킬 때 손바닥으로 정중히

사용한다.

※ 주의 : 소개하는 순서를 혼동하지 않는다.

구분	상 황	먼저 소개해야 할 사람	나중에 소개해야 할 사람
고객 응대	외부 고객에게 사내 임 · 종 사원 개인을 소개할 때	사내 종사원	외부 고객
	외부 고객에게 사내 임 · 종 사원 여러 명을 소개할 때	사내의 지위가 높은 종사원 부터 낮은 종사원의 순(順)	외부 고객
사원 간	상하 종사원 간	아랫사람	상사
	한 사람을 여러 사람에게 소 개할 때	한 사람	여러 사람

(3) 명함을 교환할 때

① 명함은 명함지갑에 항상 깨끗이 충분하게 보관한다(최소한 10장 이상).

② 방문한 곳에서는 상대방보다 먼저 건넨다.

③ 소개의 경우 먼저 소개받은 사람부터 건넨다.

④ 아랫사람이 먼저 건넨다.

⑤ 명함교환은 일어서서 한다.

⑥ 오른손으로 상대방이 읽기 쉬운 방향으로 전한다.

⑦ 오른손에 왼손을 받쳐 정중히 전한다.

⑧ 명함을 전하면서 이름을 말한다(○○호텔 ○○○입니다).

⑨ 고개를 숙여 인사하며 "잘 부탁드립니다"라고 말한다.

⑩ 상대의 명함은 두 손으로 받는다.

⑪ 상대방의 명함을 정확히 읽고 회사명, 직함 및 이름을 확인한다.

⑫ 정확히 읽지 못할 때는 분명히 확인하여야 한다.

※ 주의 : 상대방이 보는 앞에서 방금 받은 상대의 명함에 메모를 하면 안 된다(명함은 그 사람의 분신이므로 정중히 다루어 상대방과 상대방 회사에 경의를 표한다는 마음이 나타나도록 한다).

※ 비즈니스 거리(상대방과 말할 때 위압감을 주지 않는 거리) : 70㎝∼1m

(4) 용건을 물을 때

① 상대방을 똑바로 본다.

② 정성을 다하여 상냥한 모습으로 묻는다.

③ 등줄기를 꼿꼿이 하고 가슴을 편다.

④ 10도 각도로 상반신을 숙인다.

⑤ '묻고 있다'는 기분을 충분히 적극적으로 표현한다.

⑥ 정중하게 용건을 묻는다.

(5) 필기구를 건넬 때

① 펜 끝이 자신을 향하게 하고 건넨다.

② 15도 각도로 건넨다.

③ 필기구는 항상 충분히 준비한다.

4) 대화예절

(1) 기 본

① 상황에 맞추어 존칭어와 겸양어를 사용한다.

② 서술형은 "∼입니다(습니다)"를 사용한다.

　　※ 주의 : "∼어요, 예요" 등은 낮춘 말은 아니지만 격식을 갖춘 언어는 아니다.

③ 의문형은 "∼입니까? / 습니까?"를 사용한다.

④ 명령형은 의뢰형으로 바꾸어 사용한다(∼해 주시겠습니까?).

※ 주의 : 적합하지 않은 화제는 피한다.

⑤ 개인의 프라이버시에 관계된 질문은 하지 않는다(나이, 결혼 여부 등).

⑥ 정치, 종교, 스포츠 등과 같이 편에 서게 되는 내용은 바람직하지 않다.

⑦ 월급이나 봉사료에 대해 고객 앞에서 이야기하지 않는다.

(2) 듣 기

① 호의적인 태도로 듣는다.

② 상대방 외에는 다른 사람에게 관심을 두지 않는다.

③ 의미를 정확히 이해하기 위해 자신의 말로 고쳐가며 듣는다.

④ 이미 알고 있는 내용이라도 때에 따라서 모른 체 들어준다.

※ 주의 : 말을 중간에 끊지 않는다.

구 분	듣기의 기본자세
눈	· 상대를 정면으로 보고 경청한다. · 시선을 자주 마주친다.
몸	· 정면을 향해 조금 앞으로 내밀듯이 앉는다. · 손이나 다리를 꼬지 않는다. · 끄덕끄덕하거나 메모하는 적극적인 경청태도를 보인다.
입	· 맞장구를 친다. · 질문을 섞어가면서 모르면 물어본다. · 복창해 준다.
마음	· 흥미와 성의를 가진다. · 말하고자 하는 의도가 느껴질 때까지 인내한다. · 상대의 마음을 편안하게 해준다.

(3) 말하기

① 무엇을 어떻게 말할 것인지 생각(계획)한다.

② 상대방에게 좋은 느낌을 가지고 말한다.

③ 자신감을 가지고 말한다.

④ 분명한 발음으로 말한다.

⑤ 맑은 목소리로 말한다.

⑥ 필요한 말만 간결하고 정확하게 말한다.

구 분	말하기의 기본자세
눈	· 듣는 사람을 정면으로 보면서 말한다. · 상대의 눈을 부드럽게 주시한다.
몸	· 표정 : 밝은 눈과 표정으로 말한다. · 자세 : 등을 펴고 똑바른 자세를 보인다. · 동작 : 제스처를 사용한다.
입	· 어조 : 입은 똑바로, 정확한 발음으로 자연스럽고 상냥하게 말한다. · 말씨 : 알기 쉽게 친절한 말씨와 경어를 사용한다. · 목소리 : 한 톤 올려서, 적당한 속도, 맑은 목소리, 적당한 크기로 한다.
마음	· 성의와 신의를 가진다.

(4) 끼어들기

① 분위기와 상황파악을 잘 한 후 주문 의뢰한다.

② 당사의 종사원 및 관계사 임원을 대할 때는 고객에게 방해가 되지 않는 범위 내에서 곁에 서서Stand by 주문 의뢰를 기다린다.

③ 고객 응대 시 너무 가까이 밀착하여 대화하는 것은 삼간다(상대방에게 불쾌감, 어색함을 느끼게 하는 것은 지양).

※ 주의
- 전문용어나 외래어를 남발하지 않는다.
- 외국인 앞에서 한국 사람끼리 한국어로만 이야기하지 않는다(외국인에게 양해를 구한 후 한국어로 이야기한다).

5) 인사예절

'인사는 마음의 문을 여는 열쇠'이다.

(1) 기 본

① 인사는 누구에게나 한다.
② 인사는 먼저 보는 사람이 먼저 한다.
③ 인사는 진실한 마음으로 한다.
④ 윗사람은 반드시 답례를 한다.

(2) 자 세

① 차려 자세로 바로 서서 바지 재봉선상의 중앙에 살며시 손을 댄다 (남자).
② 차려 자세에서 오른손의 엄지를 왼손의 엄지와 인지 사이에 끼어 하복부에 가볍게 댄다(여자).

(3) 방 법

구 분	준 비 사 항
표정	가벼운 미소를 짓는다.
눈	상대의 눈을 본다.
머리	머리를 숙일 때는 조금 빨리, 들 때는 천천히 한다.
허리	등을 펴서 머리, 허리, 엉덩이를 일직선으로 유지한다.
다리	곧게 펴서 무릎을 붙인다.
• "안녕하십니까?" 인사말을 먼저 하여 상대방과 눈을 마주친 후 몸을 숙인다.	
• 가벼운 인사는 15도 각도, 보통인사는 30도 각도, 정중한 인사는 45도 각도	

① 내국인의 경우 예의바르고 따뜻한 인사로 편안함을 느끼게 하고 다
　시 오기를 바라는 마음으로 인사한다.

② 외국인의 경우 밝게 웃으며 눈을 맞추며eye contact 인사말을 한다.

※ 주의 : 계단에서는 고객(또는 윗사람)에게 인사하지 않는다. (이런 경우에는 같은 계
　단에 도착했을 때 멈추어 서서 고개를 숙여 인사한다.)

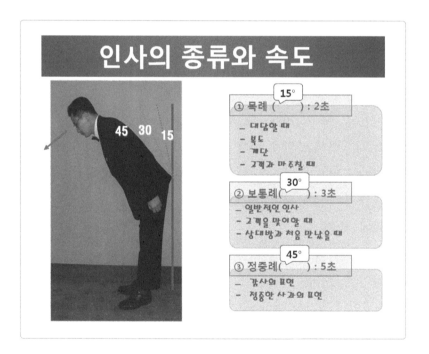

6) 전화예절

(1) 전화 받기

① 고객을 맞이하는 마음으로 전화기를 든다.

② 벨이 3번 이상 울리기 전에 수화기를 든다.

③ 발음은 정확하고 밝게 한다.

④ 부서와 이름을 밝힌다.

⑤ 메모 준비를 하고 용건을 경청한다.

⑥ 용건이 끝났음을 확인하고 통화내용을 복창한다.

⑦ 내용은 간단 명료하게 한다.

⑧ 마무리 인사말을 잊지 않는다(전화 주셔서 감사합니다).

⑨ 수화기는 상대방이 전화를 끊은 후 조용히 놓는다.

(2) 전화 걸기

① 용건을 6하 원칙으로 정리하여 메모한다.

② 다이얼을 돌리기 전에 전화번호를 확인한다.

③ 발음은 정확하고 밝게 한다.

④ 상대방이 나오면 자신을 밝힌 후 상대방을 확인한다.

⑤ 간단한 인사말을 하고 용건을 말한다.

⑥ 대화에 집중한다.

⑦ 요점을 반드시 복창한다.

⑧ 용건이 끝났음을 확인한 후 마무리 인사를 한다(감사합니다 등).

⑨ 상대방이 수화기를 내려놓은 다음 수화기를 조심스럽게 내려놓는다
   (보통은 전화를 끊지만, 고객이나 손윗사람의 경우에는 상대방이 끊
   은 뒤에 자신이 끊는 배려가 필요하다).

※ 주의사항
   － 손가락이 아닌 다른 도구로 버튼을 누르지 않는다.
   － 통화 중 타인과 대화하지 않는다.
   － 전문용어를 사용하지 않는다.
   － 개인적인 일로 전화를 길게 하지 않는다.

(3) 전화응대 용어 사용 예

구분	바람직하지 않은 표현	바람직한 표현
1	안녕하세요.	안녕하십니까?
2	우리 회사	저희 회사
3	데리고 온 사람	모시고 온 분
4	누구십니까?	어느 분이십니까?
5	○○ 씨입니까?	○○ 고객님 되십니까?
6	잠깐만 기다려주십시오.	(죄송합니다만) 잠시만 기다려주시겠습니까?
7	잠깐 자리에 없습니다.	죄송합니다. 잠시 자리를 비웠습니다.
8	전화 주십시오.	전화를 주시겠습니까?
9	다시 한 번 말해 주십시오.	다시 한 번 말씀해 주시겠습니까?
10	알았습니다.	잘 알겠습니다.
11	모르겠습니다.	죄송합니다만, 제가 알아봐 드리겠습니다.
12	알아봐 주십시오.	확인해 주시겠습니까?
13	다른 전화를 받고 있으니 기다리세요.	다른 전화를 받고 있습니다. 잠시만 기다려주시겠습니까?
14	나중에 전화 드릴게요.	잠시 후에 전화 드리겠습니다.
15	그런 사람 없습니다.	죄송합니다. 찾으시는 분은 저희 회사의 종사원이 아닙니다.
16	들리지 않아요. 뭐라고요?	죄송합니다. 전화상태가 좋지 않으니 다시 한 번 말씀해 주시겠습니까?
17	고마워요.	감사합니다.
18	전화 돌려드릴게요.	전화를 연결해 드리겠습니다.

※ 서술형은 "-입니다(습니다)"를 사용한다. (-어요, -예요 등은 낮춘 말은 아니나 격식을 갖춘 언어가 아니다.)

※ 의문형은 "-입니까?(습니까?)"를 사용한다. 명령형은 의뢰형으로 바꾸어 사용한다.

※ 체크리스트(Check List)

	항목 내용	상	중	하	비고
두발	• 머리가 삐치거나 흘러내리지 않도록 단정하게 손질했는가.				
	• 비듬은 없는가.				
	• 냄새는 나지 않는가.				
	• 앞머리가 눈을 가리지 않는가.				
	• 머리핀이나 망은 머리색과 어울리는 색상인가.				
얼굴 및 화장	• 귓속과 콧속은 깨끗한가.				
	• 화장이 밝고 자연스러운가.				
	• 립스틱 색깔은 엷고 자연스러운가.				
	• 향수는 은은한가.				
액세서리	• 귀걸이는 귀에 고정되어 달랑이지 않는가.				
	• 목걸이는 옷 밖으로 늘어져 업무에 방해가 되지 않는가.				
	• 팔찌가 늘어져 업무에 방해가 되지 않는가.				
	• 반지는 너무 화려하지 않는가.				
구강 및 손 관리	• 입 냄새는 안 나는가.				
	• 손과 손톱은 깨끗한가.				
	• 매니큐어는 엷고 투명한 색인가.				
복장	• 명찰은 정 위치에 부착하고 있는가.				
	• 유니폼 또는 정장이 깨끗한가.				
	• 다림질은 잘 되어 있는가.				
	• 단추는 느슨하지 않은가.				
	• 스타킹 또는 양말이 유니폼이나 정장에 어울리는가.				
	• 스타킹에 줄은 가지 않았는가.				
자세와 태도	• 상대의 얼굴을 주시하며 웃는 얼굴로 악수하는가.				
	• 악수할 때 손은 알맞은 힘으로 잡는가.				
	• 명함지갑은 준비하는가.				
	• 명함은 항상 10장 이상 준비하는가.				
	• 명함이 구겨지거나 끝이 접혀져 더럽지 않은가.				
	• 용건을 물을 때 상대방을 똑바로 보는가.				
	• 펜을 건넬 때 펜 끝이 자신을 향하게 하는가.				
	• 필기구는 충분히 준비하고 있는가.				

항목 내용	상	중	하	비고
대화예절 (듣기) · 상대가 이야기를 꺼내기 쉽도록 분위기를 조성하는가.				
· 남의 이야기를 들을 때 상대의 눈을 보고 듣는가.				
· 상대의 이야기를 중간에 끊지 않고 끝까지 듣는가.				
대화예절 (말하기) · "안녕하십니까?" 등의 인사를 항상 먼저 하는가.				
· 밝고 친절하게 이야기하는가.				
· 경어를 바르게 사용하는가.				
· 거절할 수 없을 경우, 상대가 상처받지 않도록 돌려서 말하는가.				
인사예절 · 가벼운 미소를 짓는가.				
· 상대의 눈을 바라보는가.				
· 누가 불렀을 때 상냥하게 "예"라고 대답하는가.				
· 상대방의 주의를 요할 때 "실례합니다"라고 말하는가.				
전화예절 (받을 때) · 벨이 울리면 3회 이내에 받는가.				
· 메모 준비는 되어 있는가.				
· 식당 명과 이름을 밝히는가.				
· 밝고 분명한 발음으로 응대하는가.				
· 경어 또는 겸양어는 적절한가.				
· 상대의 말에 공감을 가지고 경청하는가.				
· 용건을 들으며 메모하는가.				
· 요점을 복창하는가.				
· 전문용어를 사용하지 않는가.				
· 끝맺는 인사말은 하는가.				
· 상대방이 끊은 후에 전화를 끊는가.				
· 수화기는 조용히 내려놓는가.				
전화 예절 (걸 때) · 상대방의 번호를 확인하고 거는가.				
· 용건을 미리 메모하고 거는가.				
· 밝은 목소리로 분명하게 자신을 소개하는가.				
· 상대방을 확인하는가.				
· 경어나 겸양어는 적절한가.				
· 요점을 서로 확인하는가.				
· 끝맺는 인사말은 하는가.				
· 상대방이 끊은 후에 전화를 끊는가.				
· 수화기는 조용히 내려놓는가.				

〈매일 오픈 전 경영자의 체크항목 리스트〉

외관	· 유리창, 벽면(오염, 파손, 도장의 벗겨짐) · 입간판 등(위치, 오염, 파손) · 진열케이스(오염, 파손, 케이스 / 진열대 내의 배치, 조명) · 쓰레기통, 쓰레기 처리 등
홀	· 바닥, 벽, 기둥, 천장, 유리창, 커튼(청소상태) · 조명, 배경음악(밝기, 전등의 오염, 음량) · 테이블, 의자의 배치, 테이블상의 캐스터세트(caster set)의 확인 · POP(오염, 파손) · 메뉴북(오염, 불투명) · 카운터 주위의 청소, 정리정돈 · 금전등록기에 필요 물품, 청소, 기구는 갖추어져 있는가? · 잔돈의 확인 · 물주전자, 트렌치 등 · 냅킨, 물수건, 빨래, 소독저 등의 확인 · 그 외 필요한 비품은 갖추어져 있는가?
인원	· 사원, 시간제 종업원, 아르바이트의 인원은 적정하게 배치되는가? · 개별적으로 작업 할당을 했는가? · 특별 메뉴 등을 철저히 주지시켰는가? · 종업원의 유니폼은 청결한가? · 종업원의 복장에 문제는 없는가?(화장, 손톱, 수염, 머리길이) · 명찰을 정해진 위치에 달고 있는가? · 종업원에게 일할 마음이 충분히 있는가? · 주방 내의 정리정돈은 잘되어 있는가? · 당일 매출 예상분의 재료는 충분히 갖추어져 있는가? · 주방 내 기구 배치는 잘되어 있는가? · 유니폼에 흐트러짐은 없는가?

제3장

식당경영 서비스 매뉴얼

1. 서비스 매뉴얼의 목표

서비스 매뉴얼은 식당 종사원이 지켜야 할 서비스 업무 및 절차, 시설 관리 및 고객만족관리 등에 관한 제반사항을 체계화한 것으로 식당 종사원의 합리적인 업무수행능력을 개발하고 식당경영의 효율성을 제고함으로써 서비스 품질 수준을 향상시킬 수 있도록 하기 위해 제작되었다.

식당 서비스 매뉴얼의 구체적인 개발 목표는 다음과 같다.

첫째, 식당 이용객의 만족수준 제고이다.

식당을 이용하는 고객과의 서비스 접점에서 종사원이 대고객 서비스의 질적 수준을 제고하고 보다 깨끗한 시설과 편안한 서비스를 제공함으로써 고객의 만족 수준을 제고한다.

둘째, 식당의 시설 및 서비스 수준의 개선이다.

식당의 시설 및 서비스에 대한 체계적인 품질관리를 통해 식당 서비스의 질적 수준을 향상시킴으로써 실질적인 시설 및 서비스의 개선을 유도한다.

셋째, 종사원의 업무에 대한 이해 증진 및 서비스 수행능력의 향상이다.

식당 종사원 누구나 서비스 업무에 대한 내용과 절차를 쉽게 이해할 수 있도록 함으로써 서비스 품질의 일관성을 유도하고 종사원의 서비스 수행능력을 제고한다.

넷째, 체계적인 종사원 교육 및 평가체계의 확립이다.

식당 종사원에 대한 체계적인 교육부문을 강화하고 실제적인 서비스 수행결과를 평가할 수 있도록 함으로써 지속적인 서비스 개선을 통해 식당의 서비스 경쟁력이 더욱 강화될 수 있도록 한다.

서비스 매뉴얼의 이해

서비스 매뉴얼은 항상 새로운 정보, 신속한 서비스를 바탕으로 완벽한 Personal Service를 제공하며, 재방문 고객(Repeat Guest)을 확보함으로써 식당의 수준과 품위를 유지하기 위한 지침서 역할을 담당하도록 한다.
이 목표를 달성하기 위하여 서비스 매뉴얼을 통한 지속적인 반복교육을 통해 항상 고객의 욕구를 파악하여 고객의 입장을 이해하고 고객의 입장에서 행동하는 서비스 제공을 지향해야 한다.

• 전 종사원이 Total Service Man이 될 수 있도록 Service Mind를 강화시킨다.
• 변화하는 고객의 욕구를 충족시키기 위해 깨끗한 시설과 편안한 서비스를 제공한다.
• 고객의 만족도를 향상시키기 위해 친절하고 쾌적한 분위기를 조성한다.
• 서비스 제공을 표준화하여 항상 일관성 있는 서비스가 되도록 한다.
• 고객의 어떤 요구에도 신속히 처리할 수 있도록 항상 새로운 정보를 확보한다.
• 재방문 고객(Repeat Guest) 창출을 위하여 고객에 관한 정보관리를 체계화한다.
• 효율적인 인원관리로 최대의 효과를 얻을 수 있도록 한다.
• 식당에 대한 긍지를 가지고 항상 목표를 달성하는 데 기여한다.

2. 서비스 매뉴얼의 특성

1) 고객의 만족 요인 강화

① 매뉴얼은 식당 고객의 만족도 제고를 위하여 시설부문에 있어 시설의 수준, 분위기, 청결성, 쾌적성, 편리성 등을 고려하고 서비스부문에서는 서비스의 수준, 다양성, 신속성, 정확성, 고객 불평에 대한 처리능력 등을 고려하여 기술한다.
② 종사원과 관련하여 종사원의 친절성, 전문성, 의사소통 능력, 업무지식, 업무의 편리성 등을 강화하였으며 개인정보의 비밀유지, 고객의

재산관리, 화재 및 사고 대처요령 등 고객의 안전과 보안에 관한 부문을 고려하여 작성한다.

2) 서비스 중심의 단계별 구성체계

① 직책 및 직무 위주로 구성된 기존의 매뉴얼과 달리 식당에서 실제적으로 제공되는 서비스 업무를 중심으로 구성함으로써 식당 종사원 누구나 필요에 따라 다른 업무도 해결할 수 있는 능력을 갖도록 하여 고객의 요청사항을 신속하게 처리할 수 있도록 한다.
② 또한 매뉴얼을 열람하면 누구나 쉽게 업무를 이해할 수 있도록 대분류에서 세부내용까지 간결하고 일관성 있게 구성하였으며 서비스 업무내용을 업무 수행과정에 따라 단계별로 구성함으로써 식당 종사원들이 쉽게 따라 할 수 있도록 한다.

3) 체계적인 종사원 교육부문 강화

① 식당 종사원의 서비스 의식과 업무지식의 향상 및 고객 요구에 대한 처리 능력 등을 제고하기 위해 기본적인 종사원 서비스 교육부문을 별도로 구성함으로써 식당 종사원 교육에 활용될 수 있도록 한다.
② 교육 관련 부문은 서비스의 기본매너, 고객의 안전관리, 고객 불평 처리 등으로 구성하며 관리자, 종사자, 신입사원 교육에 모두 적용될 수 있도록 하여야 한다. 또한, 종사원의 신속한 고객 대응능력을 향상시키기 위하여 매뉴얼의 각 부문별로 돌발상황 대처요령을 별도로 제시한다.

4) 체크리스트를 통한 서비스 평가체계 구축

① 매뉴얼의 각 부문별로 체크리스트를 제공함으로써 식당 자체적으로 서비스 수행 결과를 평가할 수 있도록 한다. 이는 식당이 지속적인 서비스 평가 및 개선을 통해 실질적인 서비스 수준을 제고할 수 있도록 하기 위함이다.
② 체크리스트는 종사원의 종합적 서비스 수행능력 평가를 위해 서비스 제공절차, 서비스의 정확성 및 신속성, 고객에 대한 친절한 응대, 시설관리의 체계성 등을 고려하여 작성되어야 하며 각 구성항목별로 세부적인 평가가 가능하도록 설계한다.

5) 적용 가능한 기준 설정 및 업계 활용도 제고

식당업계의 적극적인 참여와 매뉴얼의 실제적인 활용도를 높이기 위하여 식당 모두 적용 가능한 수준으로 개발하는 동시에 식당의 서비스 수준이 한 단계 향상될 수 있도록 한다.

3. 서비스 매뉴얼의 활용방안

1) 업무의 방향 및 수행 전략을 수립하는 데 활용한다

서비스 매뉴얼은 식당의 목표를 설정하고 그것을 달성하기 위한 여러 가지 업무를 배분하기 전에 업무의 방향 및 수행전략을 수립하는 데 활용할 수 있다.

2) 종사원 교육 교재로 활용한다

① 매뉴얼은 종사원의 자기개발 및 합리적인 업무수행능력을 개발하는 데 필요한 종사원 교육 교재로 활용할 수 있다.

② 매뉴얼은 정기교육과 필요에 따라 실시하는 비정기교육, 관리자 교육과 부서별 종사원 교육에 모두 활용할 수 있으며 신입사원에게는 효과적인 O.J.T 교육 교재로 활용할 수 있다.

3) 점검(Follow up)을 위한 체크리스트로 활용한다

① 매뉴얼에 각 부문별로 수록되어 있는 체크리스트를 활용하여 서비스 및 시설에 대한 지속적인 관리와 개선이 이루어지고 있는지를 평가할 수 있다.

② 종사원 교육 후 체크리스트를 통하여 평가함으로써 교육에 대한 효과가 지속적으로 유지되고 있는지를 점검할 수 있다.

4. 메뉴개발 방법

1) 메뉴의 개발계획

현대사회는 어떤 식당이나 업종이든 전문화되어가는 경향이다. 식당도 예외는 아니어서 자신 있게 내세울 전문 메뉴가 필요하다. 이때 가장 먼저 고려해야 할 사항은 ① 어떤 고객을 상대로 할 것인가? ② 1인당 객단가는 얼마를 받을 것인가?이다.

2) 메뉴의 콘셉트 만들기

식당의 메뉴 콘셉트는 영업의 콘셉트로부터 결정된다.

영업 콘셉트를 결정하기 위해서 먼저 정해진 물건에 대한 입지조사와 상권조사가 필요하다.

이 조사내용을 분석하여 점포의 방향을 결정하게 되는데 이것을 영업 콘셉트라고 한다. 영업 콘셉트는 어떤 상품을, 얼마에, 누구에게, 어떤 동기로, 어떤 점포 분위기에서 고객을 유치할 것인가 등의 방향을 확정하는 것이다. 즉, 업종, 업태, 타깃, 내점동기, 점포분위기를 결정하는 것을 말하는데, 이러한 영업 콘셉트 안에서 메뉴 방향을 확정하는 것을 메뉴 콘셉트라 한다.

3) 메뉴 만드는 순서

① 고객층을 분석하여 입지와의 적합성을 체크
② 영업 콘셉트 윤곽을 정한다.
③ 메뉴 콘셉트와 점포 콘셉트가 일치하는지 확인하고 체크한다.
④ 상품 구성을 정한다.
⑤ 객단가를 체크한다.

4) 메뉴북 만드는 법

식당 영업에 있어서 메뉴북은 정말로 중요한 역할을 한다. 일반적인 상품판매의 경우 그 상품을 소개하는 카탈로그가 하는 역할은 매우 크다. 그 때문에 자동차산업이나 가전산업, 그리고 화장품회사 등도 카탈로그 제품에 전력을 기울이고 돈을 들인다.

식당 메뉴북은 고객에게 드리는 일종의 선물이며 식당의 러브레터라고 생각할 수 있다. 그러므로 메뉴북은 항상 그 점포의 주장이 명확하게 표현되고, 청결하고 정확해야 하는 것은 물론, 메뉴를 봄과 동시에 고객의 마음이 즐거움과 기대로 두근거리게 할 수 있어야 한다. 따라서 메뉴북을 만드는 데 과감한 투자를 하지 않으면 안 된다.

메뉴북의 사진 색이 변색되어도 무사태평, 가격표 플라스틱 보드가 떨어져도 신경 쓰지 않는다면 고객은 외면할 것이며, 메뉴북을 만들기 위해서는 글자체, 일러스트 등에도 신경을 쓰고 디자이너에게 자신이 의도하는 점을 충분히 설명하여 만드는 것이 좋다. 손으로 쓰거나 워드프로세서로 작성한 메뉴는 오늘날의 고객들이 결코 좋아하지 않는다.

5) 메뉴북 제작상의 주의점

① 상품을 선택하는 고객의 시점에서 쉽게 구성할 것
② 보기에 싫증나지 않는 분량으로 구성할 것(12페이지 이상 넘어가지 않게 할 것)
③ 사진이 없는 경우 음식의 가짓수를 40아이템 이내로 할 것
④ 사진이 있는 경우 25아이템 이내로 하고, 1페이지당 10가지 상품사진으로 할 것
⑤ 점포의 특징이 콘셉트와 어울리게 잘 표현되어 있을 것

6) 메뉴 계획상의 미적인 요소

미적 요소	미적 내용
풍미 (Flavor)	· 맛이 연한가? 강한가? 스위트한 맛인가? 짠맛인가?와 같이 미각과 관련된 요소이다.

113

미적 요소	미적 내용
풍미 (Flavor)	・메뉴를 구성할 때 같은 맛이 반복되면 좋은 메뉴가 아니다. ・스파게티＋미트소스, 돼지편육＋새우젓/김치처럼 식재료가 가진 특성을 보완해 주는 계획이 필요하다.
질감 (Texture)	・음식을 먹을 때 바삭한가? 소프트한가? 부드러운가? 딱딱한가?와 같이 입 안에서 느껴지는 감각을 의미한다. ・부드러운 크림수프에 바삭한 비스킷을 곁들인다든지, 바삭거리는 돈가스에 부드러운 양배추샐러드를 곁들인다든지 하는 등은 질감의 조화를 고려한 메뉴 계획이라 할 수 있다.
농도 (Consistency)	・음식의 견고함의 정도를 표현하는 요소이다. ・보통 소스에 적용되는 사항이며 묽은지, 질은지, 굳었는지로 표현된다.
색 (Color)	・음식뿐만 아니라 접시, 트레이, 카운터 디스플레이까지 모든 컬러요소는 메뉴 아이템의 선정 시 조화롭게 이루어져야 한다. ・하얀색 일변의 음식 구성 또는 한식에서 흔히 볼 수 있는 매운 적색 일변도의 색깔 구성은 고객에게 어필할 수가 없다.
형태 (Shape)	・인력 또는 기계의 힘으로 식재료를 여러 가지 형태로 표현하여 메뉴를 제공한다면 고객들에게 흥미를 자아낼 수 있다. 예를 들어 감자튀김도 흔히 보는 긴 막대기 형태가 아닌 회오리 모양, 원모양, 스프링 모양 등의 다양한 형태로 가공할 수 있다.
결합 (Combination)	・각각의 재료로 조리방식을 서로 다르게 해서 결합시킨다면 다양한 음식을 고객에게 제공할 수 있다. 같은 방식의 요리방법을 한 메뉴에 동시에 응용하는 것은 피해야 한다. ・튀김요리는 곁들임 음식으로 튀긴 야채를 이용하는 것이 아닌 삶거나 찐 야채를 곁들이는 것이 조화로운 메뉴 계획이다. ・찬 음식과 더운 음식, 조리된 음식과 신선한 날음식을 결합하는 것도 여기에 포함된다.

7) 메뉴 관리 전략

메뉴를 정할 때에는 전략이 있어야 한다.

전략은 상권을 충분히 파악하고 고객의 성향을 분석하면 가능하다. 주 고객의 외식성향, 경제력, 미각수준, 연령, 이용 동기를 분석해서 거기에 맞추어주는 부분을 가져야 한다. 부분적으로는 이렇게 주고도 남나 할 정도의 서비스 메뉴도 있어야 하고 이 식당에서 이게 제일이야 하는 간판메뉴, 실속파를 위한 세트메뉴, 고객을 유인할 수 있는 전략메뉴를 준비해야 한다.

독창적인 메뉴 없이 다른 집을 그대로 모방하여 운영하는 경우도 많은데, 그렇게 되면 고객이 자기 점포를 찾아올 이유가 없게 되어 초기에는 영업이 어느 정도 될지 몰라도 얼마 가지 않아 어려움을 겪게 되는 경우가 많다.

(1) 시장상황과 흐름에 관한 대응 전략

사업 경험이 없는 사람은 보통 유행을 따라 그 시기에 인기 있는 아이템으로 몰려들게 된다. 즉 사업경험이 없는 사람들은 우선 시장 내에서 유망한 아이템을 찾는다. 그리고 자신의 능력에 맞는 점포를 구하게 된다. 하지만 이들은 점포입지에 관하여는 그다지 조사를 하지 않고 그 지역에서 우선 자신이 하고자 하는 아이템의 점포가 있는지 없는지를 보고 점포를 열게 된다. 그 지역 내에서 자신이 하고자 하는 점포가 없다는 것은 그곳의 입지가 좋지 않아서 자신이 하고자 하는 아이템 점포가 망할 수도 있음을 감안하여야 한다. 어느 정도 규모의 인구가 살고 있는지, 영업시간에 사람이 몰려드는지, 소비형태 및 소득 수준은 어느 정도인지, 고객 흡인 시설이 있는지 등을 먼저 정확하게 파악하여야 한다.

(2) 음식 아이템 선정 전략

주변 상권의 업종 분포를 조사해 보고 전체 업종 중 음식업이 차지하는 비중이 50%가 넘는 지역일 때 비로소 점포계약을 해야 한다. 음식점과 판매업은 일정지역에 많이 몰려 있어야 장사가 잘된다. 즉 주변 상권에 음식점이 많다는 것은 그만큼 유동인구나 거주하고 있는 인구의 밀집도가 높다는 것이다.

(3) 메뉴 선정 전략

메뉴를 선정하기 위해서는 여러 가지 조건을 생각해 보아야 한다.

우선 자신이 좋아하는 메뉴를 선정해 보고, 이것이 자신만의 독립적인지 아니면 주변의 도움을 받아서 하는 메뉴인가를 고려해야 한다. 또한 가격과 소비층 및 소비 수준을 고려해야 한다. 그리고 메뉴의 브랜드화, 즉 자기 점포만의 특색 있는 요리를 만들어야 한다. 가격은 경쟁업소와 비교하여 적정수준에서 결정한다.

이러한 여러 가지 조건을 고려하였다면 그 지역의 특색에 맞는지 다시 한 번 생각해 보아야 한다. 점심시간에 손님이 많이 모이는 곳에 입지를 하였다면 점심식사 메뉴로 든든하면서도 빨리 제공되는 요리여야 한다. 직장인들의 점심시간은 1시간이다. 이 시간 안에 직장인들은 점심도 먹고 잠깐의 티타임도 즐기며 휴식을 즐기고 싶어 한다. 그런데 코스요리에 1시간 이상 소요되는 메뉴라면 잘못된 메뉴 선정이다. 늦어도 10~15분 내에 제공되는 음식이어야 하며, 시간이 많이 걸리는 요리라면 세트메뉴를 개발하여 미리 준비해 두고 손님이 몰려드는 시간에 빠르게 서비스할 수 있어야 한다.

(4) 유행 업종 타개 전략

유행 업종이 될 가능성 때문에 하고 싶은 사업을 포기할 필요는 없다. 아직까지는 전문점을 선호하는 것이 소비자의 추세이다. 하고 싶은 업종이 시장성이 없는 경우, 즉 수요량이 약하다고 판단되거나 아이템 자체가 신선할 경우는 점포의 외형은 전문점으로 노출시켜 신뢰감을 심어주고, 업종 자체의 낮은 시장성을 극복하기 위해서 점포 내부에서는 또 다른 연계품목을 함께 판매하는 전략을 세우면 매출 부진의 어려움을 극복해 나갈 수 있다.

(5) 유망업종 선정 전략

소득과 메뉴는 중요한 함수관계를 이루고 있다. 소득감소가 이루어지면 가장 먼저 소비를 줄이는 부분이 외식비 지출이다. 즉 외식비 지출 감소에 따른 적절한 대응 전략을 마련하여 소득과 메뉴 선정을 연계하여 개발해야 한다.

지금까지의 유망업태 선정에서도 불경기 때는 저가 중심의 업태가 성공을 하고, 호경기 때는 중, 고가 메뉴가 더 많이 판매되었다는 것을 알 수 있다.

그리고 우선 검증받지 않은 도입기 업종은 피해야 한다. 도입기 업종이라고 해서 모두 유행 업종이 되는 것은 아니기 때문이다.

또한 간식용 아이템은 유망업종이 될 가능성이 희박하다. 특히 주식으로 먹지 않는 아이템을 창업하거나 단독업종으로 시작해서는 안 된다. 최소한 복합 마케팅을 하거나, 다른 아이템을 접목하는 형태의 창업이나 프랜차이즈 전문점이어야 한다.

그리고 계절 업종이나 방학을 타는 업종은 심사숙고하여야 한다. 계절에 치우친 아이템은 유행 업종이 될 가능성이 크다. 수요에 대한 유동성의 문제에 있어서 그 유동성이 반복적이어야 한다.

5. 조리매뉴얼 작성법

조리매뉴얼은 진정한 상품력의 조건이라 할 수 있는 맛있고, 빨리 제공할 수 있고, 또한 항상 같은 맛, 이 3가지 항목을 완전하게 달성하기 위해 만든 매뉴얼이다.

조리매뉴얼은 크게 나누어 메뉴 기준표, 상품매뉴얼, 현장(점포)의 준비작업 방법, 또는 회사가 성장하여 센트럴키친을 갖는 경우에는 조리하기 전 준비매뉴얼의 3가지로 구성된다.

1) 메뉴 기준표

진정한 상품력이란, 맛은 물론이고 언제나 같은 품질, 같은 맛이 아니면 좋은 상품이라 할 수 없다고 했는데, 대부분의 음식점들은 너무나도 감각에 의지한 요리를 만들고 있다. 아무리 경험이 많아 요리에 자신 있는 요리사라도 컨디션이 좋지 않으면 미각이 균형을 잃어, 맛이 일정치 않게 된다. 그 증거로 컨디션이 비교적 좋을 때의 맛은 달고, 몸이 피곤할 때는 생각 외로 짜고 매운맛이 나게 된다. 만일 감기에 걸리기라도 한다면 맛은 더욱 이상해져 고객의 불평을 듣게 되기도 한다. 또한 조리사가 바뀔 때마다 그 조리사의 경험을 바탕으로 자기 나름대로 맛을 낸다면 어떻게 되겠는가? 지금까지 계속 찾아준 손님을 실망시켜 버릴 수도 있다. 아무리 조리사가 바뀌더라도 언제나 같은 맛을 유지해야 하고, 항상 고객의 신뢰를 배반하지 않는 것이 바로 상품력의 기본이다. 또한 조리를 담당하는 사람에 따라서 상품의 장식법이 다르다거나 상품 가짓수가 다르다든지, 햄버거 크기가 들쭉날쭉하다든지, 햄버거와 함께 나오는 야채가 다르다든지와 같은 변화가 있다면 고객은 좋아하지 않을 것이다.

이런 식으로 생각해 보면, 좋은 상품이란 항상 균질·균일하여, 고객이 '언제 와도 안심하고 먹을 수 있다'라는 신뢰를 줄 수 있어야 함을 이해할 수 있을 것이다.

2) 상품매뉴얼

상품매뉴얼은 식재 하나하나의 특징과 성질, 그리고 취급법에 대하여 상세하게 설명을 하고 좋은 상품을 만들기 위한 자세와 기준작업에 대해서도 상세하게 설명한 조리기준 작업매뉴얼이다.

3) 준비작업 매뉴얼

진정한 상품력의 조건이란 맛있고, 기다리게 하지 않고, 언제나 같은 맛인 것이 중요하다고 인식하고 있다. 요리는 손님이 오시기 전에 정확하게 사전 준비작업을 마치고 언제 손님이 오시더라도 곧 요리를 할 수 있어야 하며 완벽에 가까운 준비작업이 완료되어 있어야 한다. 식당에서는 주도면밀한 준비작업이 중요하다. 이러한 사전 준비용 매뉴얼은 메뉴기준표에 준해서 작업을 하면 비교적 간단하게 만들 수 있으며 이러한 메뉴기준표, 사전작업 기준표를 레시피Recipe라고 한다.

6. 원가관리

1) 원가의 개요

원가라 함은 통상적으로 기업이 상품을 생산하기 위하여 투입한 재료비의 합계를 의미하며, 좀 더 상세히 설명하면 특정제품의 제조판매 및 서비스의 제공을 위하여 소비된 총 경제가치라 할 수 있다.

기업은 상품을 판매하는 과정에서 얻는 이윤으로 기업활동을 하는데 원가의 효율적 관리는 기업 이윤과 밀접한 관계를 갖는 만큼 매우 중요하다.

판매가에 비해 원가가 너무 높을 경우 목표 이익의 감소를 초래, 경영 수지에 압박을 주며, 반대로 너무 낮을 경우 단기적으로는 목표 이익이 증가하겠으나 상품의 질적 저하로 고객이 감소한다면 매출이 감소되어 결과적으로 이익도 감소될 것이다.

이 원가의 효율적 관리를 위하여 보통 표준 원가방식을 이용하는데 이는 식당의 성격, 고객의 수준, 메뉴의 형태에 따라 각각 적용비율이 다르 겠으나 평균 40%의 원가율을 정하고 있다.

주방에서는 이 표준 원가율에 따라 식자재의 양, 질, 가격을 사전에 계획하여 판매가에 합당한 상품을 생산할 수 있도록 원가를 적정선으로 유지하여야 하며 이를 위하여 표준량 목표를 이용하고 있다,

판매가란 원가에 기업 이윤을 더한 가격으로 그 산출방식은 원가 곱하기 2^5이나 이 산출방식은 그 영업장의 위치, 형태, 특성에 따라 약간의 차이가 있다.

(1) 원가 산출의 목적

합리적 경영계획을 위한 기초자료와 이익계획에 따른 손익의 산정 및 재정상태를 파악, 가격을 결정하는 데 필요한 정보를 제공하기 위함이다.

① 제품 가격결정의 목적 : 판매가의 결정
② 원가관리의 목적 : 원가관리의 기초자료를 제공하여 표준원가와 대비하여 적정원가를 유지시켜 준다.
③ 예산 편성의 목적 : 예산 편성의 기초자료로 이용

(2) 원가의 3대 요소

① 재료비 : 제품 생산에 투입된 순수 재료비

② 노무비 : 임금, 봉급 등 인적 자원에 지출된 비용

③ 경비 : 재료비, 노무비 이외의 비용(보험료, 감가상각비, 수도, 전기료)

(3) 원가의 구성

① 직접원가

특정제품의 생산을 위해 직접 투입된 비용으로 다음 3가지가 있다.

가. 직접 재료비 : 각종 원재료의 구매를 위하여 지출된 순수 재료비

나. 직접 노무비 : 임금

다. 직접 경비 : 외주 가공비

② 제조원가

직접원가에 제조 간접비를 합한 것으로 일반적으로 제품의 원가라 할 때는 이 제조원가를 말한다.

가. 간접 재료비 : 보조 재료비

나. 간접 노무비 : 급료, 수당

다. 간접 경비 : 감가상각비, 보험료, 수도광열비

③ 총원가

제조원가에 판매비와 관리비를 합친 원가

④ 판매가

판매가격으로서 총원가에 이윤을 더한 원가

2) 표준량 목표(Standard Recipe)

표준량 목표는 요리상품의 생산에 소비된 모든 식재료와 그 사용량, 조리방법을 표시한 기록으로 고객에게 항상 균일한 질의 상품을 제공하게 해주는 지침서로서의 역할과 경영자로 하여금 정확한 원가를 산출할 수 있도록 하여 적정 판매가의 산출을 가능하게 해준다. 또한 표준원가와 실제원가와의 차이를 분석함으로써 보다 효과적인 정보 및 자료에 의한 원가관리를 할 수 있게 한다. 그 밖에 기록적인 측면에서 새로운 메뉴개발의 기초자료로 이용할 수 있다. 또한 주방에서 조리할 때에는 반드시 양 목표에 표시된 식재료 및 그 사용량을 준수하여야만 양 목표로서의 기능을 유지한다고 할 수 있다. 표준량 목표의 작성은 요리의 명칭과 사용 식자재 및 그 사용량과 단위가격을 일정한 서식에 따라 기입한다.

(1) 작성방법

① 각 항목별로 식자재의 정확한 수량과 무게를 기입한다.
② 단위는 무게, 길이, 용량을 각각 구분하여 표시하며, 무게 또는 용량의 크기에 따라 적합한 단위를 선택한다.
③ 도매물가의 변동에 따라 식재료의 구매가격이 변화하므로 정기적으로 시장조사를 하여 가격변동을 점검하여 표시한다.
④ 요리사진을 첨부하여 참조한다.

(2) 원가 산출법

① Total Cost : 재료비의 총합계
② 원가율 = 총원가 / 메뉴가격

(3) 원가의 요소

원가를 구성하는 각종 경제 가치를 원가 구성요소라 한다.

원가는 경제 가치의 소비이며, 가치의 소비는 구체적으로 유형·무형 재화의 소비로써 파악되므로 각국의 원가요소는 이것을 경제적 발생의 원천인 재화의 종류에 의하여 분류한다.

① 유형성

물적 생산요소인 유형적 재화를 의미한다.

가. 소비재 : 일회 사용에 의하여 완전히 소비되어 버리는 재화로서 재료, 소모품 등이 속한다.

나. 사용재 : 1회의 사용으로는 소비되어 버리지 않고 반복하여 사용할 수 있는 재화로서 건물, 기계 등의 고정자산이 해당된다.

② 용역

비물리적 생산요소인 광의의 무형적 재화를 가리킨다.

가. 인적 용역 : 업장에서부터 기사, 청소요원 등과 조리사 등의 노동력 이다.

나. 연속재의 이용 : 고정자산의 사용을 의미하는 것이 아니라 계속적인 자본의 이용을 의미한다.

다. 원가 요소의 구분

• 재료비Material Cost : 소비재의 소비에서 발생하는 원가 요소

- 감가상각비Depreciation : 사용재의 소비에서 발생하는 원가 요소
- 노무비Labour Cost : 인적 용역의 소비에서 발생하는 원가 요소
- 이자Interest : 연속재, 즉 자본의 이용에서 발생하는 원가 요소

원가의 3요소는 재료비·노무비·경비이며, 경비는 감가상각비·이자 혼합비이다.

제4장

식당경영 점포 설계

1. 점포계획 인테리어

1) 점포 설계의 기본

식당, 레스토랑, 외식산업 시장의 격심한 경쟁과 그에 따른 여러 가지 영업 노력의 결과, 소비자의 음식점에 대한 의식은 맛있는 음식을 먹을 수 있는 것은 당연한 일이고, 오히려 얼마나 쾌적한 공간에서 제공받을 수 있는가에 관심이 집중되고 있다고 할 수 있다.

번성하는 점포를 만들기 위해서는 '점포력'을 갖추는 것이 좋으며, 진정한 의미에서 점포력이란 어떤 착안과 이론으로 만들어져야 할 것이며, 먼저 인식해야 할 것은 이 경우의 점포력이란 어디까지나 음식점의 점포로써 힘을 발휘해야 한다는 것이다.

음식점의 번성은 '상품력, 서비스력, 점포력'이 적절히 균형을 이루어야 달성된다. 요리를 '맛있게', '즐겁게', 손님이 드실 수 있게 하기 위한 것의 하나가 이 점포력인 것이다.

그러나 대부분의 음식점은 보이는 곳의 아름다움, 즉 디자인에만 신경을 쓴다. 기발한 디자인이나 다른 점포에서 하지 않는 인테리어를 도입하기만 하면 그것으로 점포력 있는 점포가 되었다고 생각하는 경영자가 너무나 많다. 따라서 점포 설계자나 음식점 경영자나 진지하게 생각하는 것은 오직 점포의 외관으로, 어떻게 하면 눈에 들어오는 점포를 만들 수 있을까에 대한 의논에만 치중하고 만다. 그리고 점포 내의 벽 색깔이나 의자 모양과 같은 것, 또한 손님의 눈에 직접 호소하는 물건의 선택에 많은 시간을 할애하고 만다. 주방이나 설비 등은 제쳐놓고 심한 경우에는 점포의 건축이 시작되고 나서 겨우 주방기기의 선택을 시작하는 경영자가 매우 많은 것이 현재의 실정이다. 이 같은 경우의 경영자는 나름대로의 이

유가 있다. "밖에서 보아 눈에 띄지 않으면 손님이 와주지 않을 것이다. 그런 점포로는 번성점포를 만들려고 해도 될 리가 없다."

반면에 이렇게 생각하는 것이 완전히 잘못된 생각임을 알아야 한다. 분명 외관이 아름답고 차별화된 점포를 만들면 이 경영자가 말한 것처럼 조금이라도 많은 손님이 한번쯤은 와주실 가능성이 있을지는 모른다. 그러나 그같이 일부러 와주신 손님이 정말 기쁜 마음으로 돌아가는 것과는 별개의 문제인 것이다.

음식점이란 당연히 식사를 하는 장소이며 그 식사가 맛있고, 또한 늦게 나오지 않고 언제나 같은 품질로 제공되지 않으면 모처럼의 점포도 쓸모없게 된다. 종업원은 일하기 힘들고 쉽게 지치기 때문에 웃는 얼굴로 서비스하지 못한다면, 이것 또한 모처럼의 점포가 쓸모없게 되는 이유로 작용한다.

어느 건축 디자인으로 훌륭한 평가를 받은 설계사가 음식점을 디자인한다는 말을 자주 듣는다. 완성된 점포는 그야말로 훌륭해서 감성이나 이미지 면에서는 어느 하나 결점이 없지만, 거기에 놓인 의자에 앉아 1시간 정도 식사를 해보면 매우 고통스러워진다. 디자인이 우선인 의자는 너무 딱딱해서 앉기가 불편하다든가, 식사 나오는 시간이 몇 십 분씩 걸리는 등의 상황을 연출한다.

음식점 특유의 점포 만들기에 대한 이론과 실전 경험을 갖지 않으면 참다운 번성점포를 만들 수 없다.

참다운 점포력은 다음의 8가지 요소를 만족시켜야 한다.

① 기능(技能)
② 공간
③ 동선

④ 디자인

⑤ 실내온도

⑥ 컬러

⑦ 조명(照明)

⑧ 음악(音樂)

이들 요소가 균형을 이루어야 비로소 번성을 달성할 수 있으며, 어느 하나라도 흠이 있으면 좋은 점포라 할 수 없다. 또한 그 우선순위는 상기 순서대로의 중요성을 가지고 있다.

디자인에 신경을 쓰는 일이 결코 나쁘다는 말이 아니라 그와 같은 부가가치 부분을 의논하기 이전에 결정해 놓아야 하는 것이 있다.

(1) 번성하는 점포 만드는 조건이란?

① 좋은 설계란 번성점포 만들기와 같은 말이며, 결코 아름다움이나 진귀함의 표현이 아니다.

② 경영 콘셉트를 점포 콘셉트로 바꿔놓고, 구현시키는 과정에서 나온 점포 설계여야 한다.

③ 레이아웃 단계에서 손님이 즐겁게 식사하는 모습을 생각나게 하는 플랜이어야 한다.

④ 기능, 오퍼레이션, 이미지가 흔들림 없는 세 개의 기둥으로 존재해야 한다.

⑤ 주방 오퍼레이션을 충분히 이해하고 주방 레이아웃을 가장 먼저 행해야 한다.

⑥ 이니셜코스트, 러닝코스트, 7년째 코스트라는 3가지 코스트의 저 코스트화를 도모해야 한다.

⑦ 종업원과 경영자가 공통인식을 가져야 한다.

이상의 조건을 완전히 해독한 후 점포설계를 해야 한다. 그렇지 않으면 틀림없이 손님, 종업원, 경영자 3자에게 똑같이 폐를 끼치는 점포가 될 것이다.

2) 기능적인 오퍼레이션 만들기

번성하는 점포를 만들기 위해 가장 중요한 점은 움직이는 기능을 갖추는 것이다. 눈으로 보아 아무리 좋은 점포라도 상품을 생산하는 데 30분 이상 걸린다든지, 가게 안에서 종업원이 피곤해서 웃음을 잃어버린다면 그 점포는 번성할 자격이 없는 것이다.

번성하는 점포를 만들기에 필요한 기능적 오퍼레이션은 다음 요소를 만족시켜야 한다.

① 효과적인 조닝zoning
② 기능적인 주방 시스템
③ 일하기 쉬운 홀 동선
④ 효과적인 휴게시설의 설치

(1) 효과적인 조닝(Zoning)

점포의 기능 면에서 보면 홀과 주방의 두 가지로 구분될 수 있다. 그 외에 설비나 창고 등 여러 가지 기능을 가진 장소로 구분되지만, 그 기능별 장소를 어떻게 배분하고 배치할 것인가라는 일련의 작업을 조닝zoning이라 부른다.

이러한 분배비율이나 배치방법은 상품 업종에 따라 다르고 조닝이라는 작업이 끝나는 시점에서 점포 만들기가 완성되었다고 말할 정도로 중요한 작업이다. 또한 현재까지의 거의 모든 음식점의 설계에서는 홀이나 객석의 위치를 처음에 결정한 후 그 다음이 주방의 순이었다.

단순히 눈앞에 보이는 경영자의 실수로 객석 수는 한없이 많아지고, 그 결과 주방은 점포의 한쪽 구석에 배치되고 주방 공간도 미미한 것이 되고 만다. 좁고 쓰기가 불편한 주방에서 맛있는 요리가 나올 수 없다. 또한 욕심으로 아무리 많은 객석을 가지고 있다 해도, 객석이 가득 찼을 때 손님의 주문에 좁은 주방에서 잘 대응하지 못하면, 상품제공이 늦어지고 결과적으로 식당에 마이너스적인 요인을 만들게 될 것이다.

효율적인 좋은 장소에 적절한 크기의 주방 공간을 배치하는 것은 성공의 최대 포인트가 되는 것이다. 특히 신축 건물인 경우 효율적인 배치는 좋은 형상의 점포를 찾을 수 있는가에 따라 번성하는 점포 만들기의 승부가 결정되는 것이다.

(2) 점포면적과 주방면적

아무리 주방위치가 좋아도 면적이 너무 좁아서 적절한 기능을 발휘하지 못하면 아무 소용이 없다. 반대로 점포 바닥 면적에 비해 주방이 너무 넓으면 작업효율이 떨어진다. 그러면 어느 정도의 공간 배분이 적당한가 하면 홀과 백사이드를 포함한 주방비율의 절반씩을 하나의 척도로 생각하면 좋겠다. 즉 100평인 점포이면 50평이 객석이고 나머지 50평이 주방 관계로 필요하다는 것이다.

이 비율은 업종에 따라 조금씩 달라질 수 있다. 조리공정상 기능이 요구되는 업종일수록 주방시설에 들어가는 공간은 커지는 것이 당연하며 빠른 시간을 요구하는 패스트푸드인 경우도 마찬가지일 것이다.

그러나 작업효율을 많이 필요로 하지 않는다 해도 소비자의 욕구에 진지하게 대응하려면 최소 40%의 주방공간을 가져야 한다. 즉 몇 사람의 손님을 맞이할 수 있느냐에 초점을 맞추는 것이 아니라, 몇 사람의 손님을 만족시켜 돌아가게 하느냐에 더 신경을 써야 한다는 것이다.

2. 실내디자인

점포디자인은 단순히 고객의 시선을 끌기 위한 인테리어의 기능만을 갖는 것이 아니라, 조형에 의한 기초적이고 기술적인 지식 등 관련분야의 구성요소를 기초로 한 새로운 마케팅적 공간을 창출하는 것이다.

더욱이 업소의 경영이념, 점포관리정책, 주변업소와의 경쟁력, 주 고객층, 상품구성 등과 밀접한 관련이 있으므로 충분한 사전 설계와 연구·검토가 필요하다. 특히 디자인 설계 자체가 마케팅 전략차원에서 전개되어야 하므로, 다음과 같은 측면을 고려하여 계획하는 것이 바람직하다.

① 디자인은 '미각'과 연관되어 자연스럽게 '먹고 싶다', '마시고 싶다'라는 욕구를 자극하고 고객이 부담 없이 마음 편히 쉴 수 있는 안락한 분위기로 전개한다.

② 기획의 측면은 중요하여 기획에서 파악된 내용은 레스토랑의 규모, 독특한 메뉴와 음식의 맛과 가격, 서비스 정도, 좌석의 배치유형 등을 규정하고, 레스토랑의 성격과 경영방침에 맞추어 디자인 전개를 일관성 있게 적용하여야 한다.

③ 실내의 청결, 음식의 신선감 등 위생적인 면에 관한 고려와 함께 사

인, 메뉴, 식기 등 기타 서비스 품목도 디자인 코디네이션을 꾀하여
시각적 통일이 있어야 한다.

④ 이용자가 먹고 마시는 데 편리하고 안락한 식음시설과 함께 종업원
의 피로가 절감되어 효과적인 서비스가 될 수 있도록 서비스 시설을
계획한다.

⑤ 높은 수준의 실내디자인과 아울러 친절하고 신속한 서비스, 주목을
끌 수 있는 홍보계획, 철저한 위생시설, 투자 등이 종합적으로 이루
어지도록 한다.

1) 분위기와 테이블 세팅

분위기는 식당의 전반적인 무드mood와 색조tone를 의미한다.

훌륭한 음식이 식당의 성공에 중요한 요소이지만, 최근에는 고객들이
음식을 들면서 내부 분위기를 체험하고 식당 내에서 특별한 즐거움을 찾
고자 함으로써 내부 분위기 창출은 간과해서는 안 될 요소가 되고 있다.

테이블 세팅은 고객들이 식당에 대한 첫인상을 결정짓는 중요한 요소
중의 하나인 것이다.

2) 가구의 세팅

의자와 탁자의 적절한 선택과 배치는 고객들에게 편안함을 제공하고
식당의 분위기를 연출할 수 있다. 식당 콘셉트와 조화되는 디자인적 요소
가 가미되면 전체 분위기를 상승시킬 수 있다. 신체와 접촉하는 패브릭
부분은 공기가 통할 수 있는 비닐 재질로 하는 것이 실용적이고 오래 사
용가능하며 쉽게 유지·보수할 수 있다. 또한 회전율이 높은 패스트푸드
식당은 15분 의자를 세팅해도 좋을 것이다. 앉은 지 15분이 지나면 불편

함을 자연스럽게 느끼게 하여 일어설 시간이라는 것을 은연중에 고객에게 주지시킬 필요도 있을 것이다.

3) 엔터테인먼트

적절한 엔터테인먼트는 고객의 즐거움을 한층 더 높여줄 수 있다. 홀 내의 엔터테인먼트는 전체적인 분위기를 만드는 데 보충적인 역할이 되어야 한다. 몇몇 캐주얼 또는 테마식당에서는 엔터테인먼트 그 자체가 고객을 방문하게 하는 주요 원인으로 작용하는 경우도 있으나 엔터테인먼트가 식사를 하는 본래 목적을 방해해서는 안 된다. 엔터테인먼트로 고객을 식당으로 오게 하고, 고객들이 오랫동안 머무르게 하면서 음식과 음료를 더 소비하게 하여 추후에 재방문할 수 있도록 만드는 것이 엔터테인먼트의 주 역할이다.

4) 배경음악

음악의 흐름에 따라 고객의 소비를 촉진시킬 수 있는 것이 배경음악이다. 느린 배경음악에서 식사하는 고객은 평균 56분이 걸리고, 빠른 배경음악에서 식사하는 고객은 평균 45분이 걸리므로 음악의 템포에서 고객 회전율을 조절할 수 있다.

5) 조 명

조명은 식당 분위기를 창출하는데 고객과 음식을 보기 좋게 만드는 역할을 하고, 종업원들이 업무를 편히 할 수 있도록 도와주며, 고객에게 안정감을 제공하기도 한다.

6) 백사이드 기획

식당의 백사이드 레이아웃은 서비스 형태에 따라 매우 다양하다. 백사이드의 레이아웃을 설정하기 전에 주방작업의 전반적인 흐름을 상세히 파악하는 작업이 선행되어야 한다. 식당이 아무리 바쁘더라도 조리된 음식이 고객들에게 정확하게 전달될 수 있도록 주방과 홀이 연결되는 중간 기착지인 서비스 카운터 내의 동선 흐름을 간과해서는 안 된다.

7) 주방 작업환경

주방 내 온도는 18~21℃, 습도는 40~60%가 최적의 조건이다. 조사에 따르면 여름철 주방 안에 에어컨을 설치하면 작업생산성이 25% 올라간다는 보고가 있지만 에너지 코스트가 많이 소요된다.

조명은 작업장 내에서는 밝게 유지해야 하고 형광등 불빛 아래에서는 음식의 색이 제대로 인식되지 않으므로 백열등이나 삼파장 등을 사용해야 한다. 또한 과도한 컬러 대비는 오히려 눈의 피로를 가중시키며, 흰색 계열의 벽은 조명이 반사되어 눈을 더욱 피로하게 하며 주방의 각종 기기류에는 코드와 사용법을 부착하여 작업 능률의 향상과 안전을 기할 수 있어야 한다.

3. 공간구성

식당의 공간은 영업부분, 조리부분, 관리부분으로 구성된다.

① 영업부분은 식당, 라운지, 로비, 현관입구, 화장실 등이다. 고객이 머무르는 공간이며, 수익을 가져오는 부분이다.

② 조리부분은 주방을 포함한 매입실, 배선실, 세척실, 식품저장고 등이다. 능률적인 작업환경 조건을 우선시한다.

③ 관리부분은 식당을 경영하기 위한 제관리부분이다. 사무실, 지배인실, 준비실, 기계실, 로커 룸, 종업원 화장실 등이 이에 속한다.

1) 영업부분

(1) 건물의 외관(Facade)

건물의 외관은 고객에게 첫인상을 주고, 점포 전체의 이미지에 관계된다. 멀리서도 눈에 잘 띌 수 있도록 하며, 식당의 종류, 성격에 따라 특색 있는 인테리어로 고객을 유도한다.

① 1층에 위치할 경우, 현관을 통하여 직접 내부가 보이지 않도록 처리해야 하는데, 입구 홀을 두거나 이중문을 설치하면 방풍실의 역할도 하여 효과적이다.

② 지하층에 위치할 경우, 계단에서 넘어지지 않도록 계단에 손잡이를 설치하고 어둡지 않도록 조명을 설치한다. 내려가는 길이 짧게 느껴지도록 입구와 마주한 벽면을 강한 시각적인 요소로 처리하면 효과적이다.

③ 전문적인 일품요리를 취급하는 식당일 경우, 쇼윈도를 입구 부분에 마련하여 일품요리를 진열한다. 간이음식점의 경우, 서비스 카운터의 상부를 취급 음식의 사진이나 와이드 컬러필름으로 처리하면 시각적으로 미각을 돋울 수 있을뿐더러 음식의 선택에도 도움을 준다.

(2) 식사공간(Dining Area)

식사공간은 식음의 형태에 따라 그 분위기를 달리해야 한다. 즉 식사를 위주로 하는 경우, 밝고 활기 있는 분위기로 즐겁게 먹을 수 있도록 한다. 그러나 주류를 위주로 하는 경우, 아늑하고 편히 쉴 수 있는 분위기로 계획해야 한다.

또한 식사공간은 고객이 지루함을 느끼지 않도록 액자 및 조각 등 조형적 액세서리를 이용하여 실내를 풍요롭고 매력적으로 돋보이도록 한다. 고객은 일반적으로 중앙 테이블보다는 주변부의 테이블을 선호하므로 칸막이, 스크린, 조형물, 화분 등으로 변화 있는 공간을 유도한다.

홀 사이즈는 서비스 방식이나 고객에게 제공하는 메뉴에 따라 달라진다. 메뉴의 종류가 다양하고, 고급 서비스를 제공할수록 식당 내 홀의 크기는 여유 있게 계획해야 한다. 식당의 각 타입별로 평균적인 수치를 나타내고 최대의 숫자는 메뉴 수를 다양하게 구성했을 때의 경우를 나타내보자.

서비스 형태	평균 식당 m²/1좌석당	평균 홀 m²/1좌석당
테이블서비스	2.2~3.0	1.1~1.7
카운터서비스	1.7~2.2	1.5~1.9
카페테리아서비스	2.0~2.8	1.1~1.5
연회서비스	–	0.9~1.1

(3) 계산대

계산대는 일반적으로 주 출입구 근처에 위치하며, 식당 어디에서나 객석이 잘 보이는 곳에 객석과 배선실의 중간에 위치되도록 한다.

① 계산서의 처리방법에 따라 주 출입구 근처에 독립하여 위치되도록

하기도 한다.

② 계산대 주위에 입장객과 계산하고자 하는 고객의 동선이 몰려 혼잡하지 않도록 한다.

(4) 화장실(Toilet)

최근에 많은 상업공간에서 화장실의 중요성이 강조되고 있다. 매장의 청결을 생명으로 하는 음식점에서의 화장실은 효율적인 공간 활용 및 제반 설비시설에 보다 많은 관심을 두어야 할 것이다.

화장실은 점포의 규모, 영업내용, 영업의 성격 등에 따라 화장실의 규모 및 형태가 다를 수 있지만, 상업공간에서의 화장실 설치 기준은 다음과 같다.

① 고객들이 쉽게 화장실을 찾을 수 있도록 신호 또는 표시판이 있어야 한다.

② 남자 화장실과 여자 화장실은 분리되는 것이 바람직하며, 고객의 화장실은 종업원이 사용하지 않도록 한다.

③ 화장실의 위치 선정 시에는 설비시설이 용이한 곳을 선정하여 급배수 및 환기시설에 문제가 없도록 한다.

④ 화장실 내부에 청소 지원시설mop sink을 만들어 종업원들이 객장 및 화장실 청소를 하는 데 용이하도록 한다.

⑤ 유동고객이 많은 음식점일수록 화장실 내부 마감재는 내구성 있는 자재를 사용하는 것이 좋다(바닥 - 세라믹 타일, 벽체 - 세라믹 타일, 플라스틱 패널, 천장 - 석고보드 및 FRP타일)

⑥ 물을 많이 사용하는 관계로 배관 및 방수작업에 신경을 써야 한다. 그 밖에도 화장실 대, 소변기 설치 개수의 기준은 정해져 있지 않지

만, 대체적으로 중·대규모점(200~250m²)에서는 여자화장실은 여자용 변기를 두 대, 세면기 두 대를 설치하고, 남자화장실은 대변기 한 대, 소변기 두 대, 세면기 한 대를 설치하는 것이 바람직하고, 대규모(300~500m²)에서는 소변기를 한 대씩 늘려 설치하면 된다.

2) 조리부분

(1) 배선실(Pantry Service Room)

배선실은 규모가 크고, 전문 음식점일 경우는 주방과 별도로 마련되며, 주방과 객석 중간에 위치한 연락장소이다.

① 배선실의 기능

가. 식기와 글라스류의 보관과 서비스, 테이블보와 냅킨의 보관 및 서비스, 조미료, 메뉴 등이 배치된다.

나. 서비스와 음료수의 서비스 스테이션service station을 설치하여 간단한 세척도 할 수 있게 한다.

다. 배선실에는 하루에 사용할 음식류 및 필요용품을 보관할 수 있는 모든 설비와 유리그릇, 나이프, 포크, 스푼 등을 넣어두는 수납장이 벽면을 이용하여 설치된다.

라. 규모가 대형일 경우 음료수의 서비스 스테이션은 배선실과 별도로 설치하는 것이 바람직하다.

(2) 주방(Kitchen Area)

① 주방의 정의

식당은 고객에게 음식물을 제공하기 위한 공간으로 크게 객장과 주방으로 구성된다. 주방은 실질적으로 눈에 쉽게 띄지는 않지만 그 기능과 중요성은 업소를 운영하는 데 있어 심장부와도 같다.

주방의 시설은 식품조리 과정의 다양한 작업을 합리적으로 수행하기 위한 여러 가지 조건에 따라서 고도로 특수화된 기기로 음식을 조리하며, 그에 따른 시설과 기기의 종류는 매우 복잡하고 다양하다.

그러므로 주방시설은 가장 효율적인 기능을 수행하는 설비의 선정 및 배치를 하여야 하며, 작업자의 노력을 향상시킬 수 있는 설계가 요구된다.

② 주방의 설계

주방의 설계는 정해진 조건하에 식자재의 반입에서부터 음식물의 생산, 고객에 대한 서비스까지 모든 과정을 고려하여 음식물의 질과 주방의 효율성을 증대시키기 위한 일련의 계획이라고 할 수 있다.

주방의 규모와 레이아웃은 객석 수와 회전율, 메뉴의 내용, 영업의 성격 등에 따라 많은 변동이 있겠으나, 오늘날의 주방설계는 무엇보다도 표준화, 능률화, 간소화의 기준에 맞추어 설계되고 있다.

주방의 일반적인 설계기준은 다음과 같다.

① 각종 설비를 설치하기 적합한 위치에 주방계획
② 작업 동선을 감안한 레이아웃
③ 조리방법에 따른 작업공간의 분리
④ 쾌적하고 위생적인 작업 공간
⑤ 식자재 반입의 용이성(고객의 출입구와 분리하여야 한다.)

주방을 설계할 때는 위와 같은 조건들이 유기적인 관계로 잘 연결되어 있어야 주방의 본질적인 기능이 제대로 발휘한다. 또한 고객에 대한 서비스 역시 원활하게 이루어질 수 있으며 식당 전체 공간에서 주방 공간을 어느 정도 확보할 것인가에 대한 정확한 규칙은 없으나 일반적인 업계 평균수치는 다음과 같다.

서비스 형태	주방 공간 ㎡ / 1좌석 당	홀 : 주방 비율
테이블서비스 식당	0.7~1.1	2 : 1
카운터서비스 식당	0.4~0.6	4 : 1
카페테리아서비스 식당	0.7~1.2	3 : 1
패밀리 식당	0.4	3 : 1
패스트푸드 식당	0.8	1.5 : 1
단체 급식	0.6	2 : 1

③ 주방의 위치

식당에서 주방의 위치는 업소의 운영에 매우 많은 영향을 미친다. 새 건물의 경우, 자칫 주방의 위치에 대하여 충분한 고려를 하지 못하는 경우가 있는데, 음식을 만들어서 손님에게 제공할 때까지의 합리적인 주방의 흐름을 위해 위치는 매우 중요한 것이다. 바람직한 주방의 위치는 다음과 같다.

가. 음식의 배달과 쓰레기의 반출 및 청소에 적합한 창구가 필요하며, 고객의 출입구와는 구분되는 것이 바람직하다.

나. 제반 설비시설이 용이한 곳에 설치하는 것이 바람직하다.

다. 저장 창고와 주방은 북쪽 혹은 북동쪽을 향하는 업소의 가장 서늘한 부분이 적당한 입지이며, 일광이 잘 드는 장소여야 한다. 창문은 반드시 있어야 하며 눈부심이나 직접적인 열은 피해야 한다.

④ 주방의 내부마감재

가. 주방 바닥 : 주방 내에서 바닥은 가장 중요한 만큼 시공하기 힘들고 또한 복잡하다. 바닥에는 배수관과 전기 등을 매설하여야 하고 여러 가지 주방기구를 설치해야 하므로 하중을 이겨낼 수 있게 시공되어야 한다.

- 재질의 유공성 : 유공성이란 얼마나 수분을 흡수할 수 있는가이다. 바닥재로 수분이 흡수되면 바닥재 자체에 손상이 올 뿐만 아니라, 미생물과 세균번식의 온상이 되고 그것들을 제거하기가 힘들어진다. 따라서 주방과 창고의 바닥재는 유공성이 적은 재질을 써야 한다.

- 재질의 탄성 : 충격에 견디는 정도를 의미한다.

나. 주방벽 : 바닥재와 마찬가지로 벽도 장식성뿐만 아니라, 위생에 만전을 기할 수 있는 재질이어야 하고, 유공성, 흡수성, 탄성을 고려하여야 한다.

- 벽은 쉽게 청소할 수 있어야 하고, 소음을 최대한 흡수할 수 있어야 한다.

- 가능한 한 밝은 색을 사용하여 조명의 반사도를 높이고, 때와 먼지를 잘 보이게 해야 한다.

- 세라믹 타일은 가장 인기 있는 벽 재료로서, 표면이 매끄럽고 방수가 되어야 하며, 각 타일 사이의 틈새가 벌어지지 않은 상태여야 한다. 타일 틈새에 구멍이 나거나 틈새가 벌어져 있으면, 때와 먼지가 끼고 세균과 해충이 번식하기 때문이다.

- 스테인리스 스틸은 수분에 강하고 내구성이 뛰어나서 조리대 주변과 같이 습도가 높고 더러움이 쉽게 타는 곳에 사용하는 데 홀

류한 재질이다.

- 도장은 주로 습도가 낮은 곳에 사용할 만한 벽 마감재이다. 그러나 조리대 주변 등의 조리지역에는 권장할 것이 못 된다. 납 성분이 들어 있는 유독성 페인트는 음식물에 들어가서 음식물을 오염시키는 물리적 위험의 소지가 있으므로 사용하지 않는다.

다. 주방 천장 : 주방의 천장은 기름 종류의 증기와 조명기구 등이 부착되어 화재의 위험성이 높으므로 석면계통의 재료를 쓰며, 비닐계로 마무리하는 것이 일반적이다.

바닥에서 천장까지는 너무 높을 필요가 없는데, 이는 환기장치 등을 통해서 충분히 통기성을 유지할 수 있기 때문이다. 그러나 너무 낮은 천장은 공기순환과 심리적 관점에서 좋지 않기 때문에 피하는 것이 좋다.

⑤ 주방 조명

조명은 보다 효율적인 서비스 제공의 보조역할을 하며, 청결함을 더욱 돋보이게 하고 작업능률을 향상시킨다. 조도뿐만 아니라 조명의 방향(눈부심 방지), 조명의 색깔(음식의 원래색상 유지) 또한 중요하다. 일정하게 배열한 형광등의 설치로 전기를 줄이고 그림자도 최소화하며 통일된 분위기를 만든다. 또한 주방은 습기가 많은 곳이므로 조명기구의 설치는 천장이나 벽에 매립형으로 하고, 뚜껑을 설치하는 것이 바람직하다.

⑥ 주방 환기장치

환기란 주방과 객장 내의 조리과정 중 발생한 증기, 기름기, 열 등을 외부로 배출하는 것을 말한다. 이렇게 안의 공기를 밖으로 배출함으로써 내부 공기를 유통시켜 고객과 직원 모두를 안전하고 건강하게 한다. 환기장치는 다음의 다섯 가지 기능을 한다.

① 축적된 기름 때로 인한 화재를 예방한다.
② 천장이나 벽에 붙어 있는 응축물이나 공기 중에 포함되어 있는 오염물질 등을 제거한다.
③ 조리시설 내에 먼지가 쌓이는 것을 방지한다.
④ 조리기구로 인해 발생하는 가스나 음식 냄새를 줄인다.
⑤ 습기를 제거함으로써 곰팡이가 피는 것을 방지한다.

창문이나 문을 열어 놓는 것만으로는 위의 기능을 적절히 수행한다고 할 수 없다. 오히려 문을 열어둠으로써 외부의 해충이나 먼지가 들어올 수 있기 때문이다.

음식물을 가열하거나 튀기고 볶는 모든 조리기구 주변에는 특히 환기시설이 잘 갖추어져 있어야 한다.

3) 관리부분

(1) 사무실

점포의 관리기능으로 사용되는 사무공간은 성격상 점포의 후방부분, 주방이나 종업원이 쉽게 다닐 수 있는 통로, 동시에 고객들의 위치가 보이는 곳에 설치하는 것이 좋다.

소규모 식당에는 없는 경우가 많고, 만약 있더라도 종업원과 함께 사용하는 경우가 많다. 사무공간에는 컴퓨터, 전화기, 팩스, 음향설비 등이 설치된다.

(2) 창 고

창고에는 식품창고(냉동, 냉장창고) 및 일반 저장창고가 있는데, 내용은 점포의 규모와 성격에 따라 다르다. 소규모 식당에서는 간이창고를 만들어 사용할 수도 있지만, 규모가 큰 식당이나 식자재 공급에 문제가 있는 식당에는 반드시 필요한 공간이다.

(3) 종업원 복지시설

종업원의 각 실과 각 설비에는 탈의실, 휴게실, 식당, 화장실, 세면실 외에 샤워 설비를 갖추는 경우도 있다. 규모나 내용은 식당의 사정과 형편에 따라 설치되는데, 종업원의 휴게실과 식당을 같이 쓰는 경우도 있다.

① 남녀 종업원의 탈의실은 별개로 두는 것이 바람직하다.
② 탈의실 내에는 종업원을 위한 옷장과 개인 사물함이 필요하다.
③ 샤워시설은 종업원 화장실 내부에 설치하여 공간의 효율성을 높이는 것이 좋다.

4) 동선계획

일반적으로 동선은 고객동선, 종업원동선, 식품 반입동선으로 분류된다.
① 고객동선은 식당에 고객이 입장하여 주문을 하고, 식사를 한 후 퇴장하기 전까지의 과정에 서로의 교차가 적은 동선을 감안하여야 한다.
② 종업원동선은 주문을 받고 고객에게 음식이 전달되기까지 원활한 동선을 고려하여야 한다.
③ 식자재 창고는 식품반입이 용이한 곳에 위치하며, 식품반입을 위한 출입구를 별도로 설치하여야 한다.

동선계획의 기본은 동선의 시작부터 목적하는 지점에 이르는 끝까지 원활하고 자연스러운 흐름이 되도록 한다. 동선계획은 주 동선과 부 동선으로 나누어 전개되는데, 동선 사용의 빈도가 큰 공간은 주 동선을 중심으로 배치하며, 구역과 구역 사이에 주 동선이 위치한다.

이 주 동선은 동선의 빈도, 하중을 고려하여 충분한 통로공간을 주며, 외부와 직접 연결된다. 또한 가능한 간단하고 직선적이며 쉽게 인지될 수 있도록 동선을 처리한다.

부 동선은 주 동선에서 연결된 동선으로, 마치 줄기에서 뻗어 나온 가지와 같다. 따라서 하나의 구역에서 다시 세분화되어 각 공간에 이르는 동선으로, 가로 배치와 출입구의 위치, 크기에 영향을 미친다.

한편 소규모의 실내공간일 경우에는 홀, 복도, 통로와 같은 연결공간을 생략하고, 오픈 플래닝으로 하면 한 공간에 통로공간을 같이 두어 공간을 절약하고, 효율적으로 사용할 수 있다. 그러나 동선이 너무 복잡하면 안정감이 상실되므로 일정한 규모 이상일 경우, 통로공간을 별도로 두어 동선을 독립시키는 것이 바람직하다.

그리고 동선이 길 경우 다양한 공간의 변화를 만들어 심리적으로 가깝게 느껴지도록 계획한다. 즉 마감재료, 색채, 채광계획을 비롯한 천장, 조명계획 등에서 그 방법을 모색한다.

(1) 손님의 동선

① 입구 → 휴대품 보관소 → 손님 대기, 라운지, 바 → 객석
② 객석 ↔ 화장실
③ 객석 → 계산대 → 출입구의 통로

(2) 서비스와 관리부분의 동선

① 식기 반입구(주방출입구) → 검수 → 창고 → 주방

② 주방 → 식기실 → 객석

③ 주방출입구 → 탈의실 → 종업원 식당 → 종업원 화장실

(3) 동선의 폭원

① 주 동선 폭원 : 1,200㎜ 이상

② 부 동선 폭원 : 900㎜ 이상

③ 서비스에 필요한 치수 : 500~600㎜

④ 테이블 간 공간은 300㎜ 정도면 적당

4. 분위기

1) 분위기의 정의

식당의 분위기는 고객과 사용자들에게 노출되는 전반적인 환경으로 받아들여지며, 특이한 장소, 훌륭한 경관과 실내장식·구조·공간 등의 물질적 개념과 종업원들의 태도에 나타나는 예의·능력·명랑함·민첩성 등의 서비스를 나타내는 비물질적 개념으로 나누어볼 수 있다.

여기서 건축가·컨설턴트 그리고 디자이너들이 창출하는 물리적 요소들은 개발이 비교적 용이하나, 환경 등에 속하는 비물리적인 구성요소들을 제공하고 유지하는 것은 경영진과 직원에게 달린 문제이다.

2) 분위기의 중요성

식당이나 레스토랑이 단지 식사 해결만을 위한 장소에서 벗어나 새로운 경험을 추구하는 장소로 변모해 감에 따라 분위기는 외식을 유인하는 중요한 동기의 하나로 부상하고 있다. 분위기는 재구매를 유도하는 중요한 요인 중 하나이며, 성공적인 식당 시설계획의 핵심이라 할 수 있다. 경쟁이 심한 외식분야에 있어서 새로운 설비에 대한 분위기 설계는 더욱더 중요해지고 있으며, 이를 위해 분위기 설계에 독특한 시청각적 설비와 다른 특수한 분위기를 창조하는 데 도움을 주는 전자장치 등을 잘 적용시켜야 한다.

식당의 분위기 설계 시에는 이용 고객의 입장이 우선시되어야 한다. 따라서 분위기의 연출 시에는 식당 시설이 어필하고자 하는 특정한 세분시장에 시선을 끌 수 있도록 계획되어야 한다. 이를 위해서는 개인적 선호도, 사회적 관습, 소득수준, 잉여시간 등의 시장속성에 대한 정보를 토대로 하여야 한다. 이를 성공적으로 수행한 식당의 경우는 좋은 환경과 더불어 분위기가 잘 어울리는 메뉴를 제공할 수 있다.

3) 분위기와 마케팅

판매증진을 위해 마케팅 개념을 분위기 창조에 통합시킬 수도 있다. 이러한 방법으로 식당이나 로비라운지 내에 음식과 음료를 진열하는 방법 등을 들 수 있다. 와인·샐러드·디저트 또는 조리된 음식의 진열은 즐거운 식사 분위기를 창조해 낼 뿐만 아니라 이러한 아이템 판매를 증진시키는 데 도움을 준다.

4) 분위기 개선

식당시설을 위해 개선되는 분위기는 한군데로 집중되는 독특한 매력과 고객의 눈을 충분히 만족시켜 줄 것, 흥미로운 동선의 변화와 같은 3가지 조건을 만족해야 한다. 예를 들어 친밀하고 편한 식당은 소란한 회사와 산업시설들로부터 온 사람들에게 안정감을 준다. 마찬가지로 소란한 카페테리아는 대부분 조용한 환경에서 지내는 학생들에게는 참신하게 느껴질 것이다.

또한 벽난로의 따뜻함과 빛은 찬 날씨에 반가운 변화를 줄 것이다. 따라서 식당 설계자들은 분위기를 개선할 때 성취되어야 할 소유주의 특별한 요구와 목표를 잘 파악하여야 한다. 이런 조건하에서만 기능적이면서도 매력적인 디자인을 연출할 수 있을 것이다. 이런 방식으로 물질적 분위기를 완성한 후 비실제적인 측면들의 개선은 운영에 달린 숙제인 것이다.

5) 분위기 인식

분위기를 디자인할 때 편안함은 가장 기본이 되어야 하는 요소이다. 편안함을 느끼게 하기 위해서는 빨강이나 오렌지 등의 난색계열을 사용하여 따뜻한 느낌을 연출하거나 부스나 칸막이 등을 사용하여 옆좌석으로부터 독립된 느낌이 들게 하는 방법 등을 사용할 수 있다.

분위기 설계에 있어서는 다음과 같이 시각 · 촉각 · 청각 · 후각 · 온도의 움직임과 같은 개인의 지각적인 인식의 이해에 의존한다.

① 시각 : 시각적 공간의 인식은 빛의 밝기, 색상, 부속물과 시야의 접촉, 그리고 장식된 아이템, 거울의 사용, 펼쳐진 스크린 또는 시각적 공간의 축소 등을 포함한다.

② 촉각: 편안한 좌석, 몸의 접촉, 바닥, 테이블, 테이블 덮개, 장식물, 천과의 접촉을 통한 인식을 포함한다.

③ 후각: 요리냄새, 몸냄새, 가죽 같은 천 등의 물건에서 나는 냄새의 인식을 포함한다.

④ 기온: 공기온도·습도·몸의 열·반사되는 열·요리된 음식의 열

〈주방의 배치형태별 특징〉

서비스형태	배치형태	특 징
L자 형태 (L Shape)	L	・가로가 길고 세로가 짧은 장방형의 주방 공간을 효율적으로 이용할 수 있다. ・세척공간을 구성할 때 가장 많이 사용하는 형태 ・작은 규모의 테이블서비스 식당에서 많이 볼 수 있는 형태
U자 형태 (U Shape)	U	・많이 쓰이지 않는 형태지만 좁은 공간에 1~2명의 주방인원이 근무할 때 효과적인 주방 배치 ・큰 주방 공간에 U자 형태를 배치할 경우 출구로의 직원 이동이 어려워짐 ・샐러드 바 또는 음료 판매 공간에 사용
Back to Back	싱크대 or 조리기구 싱크대 or 조리기구	・조리기구가 서로 등을 맞댄 채 일자 형태로 배치하는 구조 ・안전 및 반대편으로 튀는 것을 방지하기 위해 가운데 파티션을 설치하고 전기, 가스관을 배치 ・서비스창구 또는 양문 냉장고가 평행하게 있을 경우에는 '캘리포니아식 주방'이라 하고 직각 형태일 경우 '유러피언 주방'이라고 함
Face to Face	싱크대 or 조리기구 싱크대 or 조리기구	・조리기구 양쪽 벽면에 서로 마주보고 서 있는 형태로 전기, 가스설비는 양쪽 벽면에 배치 ・가운데는 넓은 통로이고 작업대를 배치하는 경우가 많음 ・대량생산을 위한 단체급식 주방에 많이 쓰이는 형태

등의 인식을 포함한다.

⑤ 움직임 : 테이블이나 의자를 이용하는 고객의 움직임, 서버와 고객의
움직임, 창문을 통해 보이는 밖의 움직임들의 인식을 포함한다.

제5장

식당경영 시 고려사항

1. 업종의 선정

식당경영의 최대 관심사는 잘 되는 아이템을 찾는 것이다. 예비 경영인들은 아이템을 잘 선택하면 성공을 보장받는 것처럼 생각하는 경우가 많다. 쇠퇴기의 업종이나 경쟁 포화상태인 업종의 선택은 피해야 하며 유망 아이템을 선정한 경우일지라도 선정 그 자체가 곧바로 성공으로 이어지는 것은 아님을 인식하고 업종 선택에 임해야 한다. 또한 업종을 추진함에 있어 혼자 결정하지 말고 경험자나 전문가의 자문을 받아 운영해야 실패를 줄일 수 있다. 무엇보다 운영의 성공여부는 하루아침에 이루어지는 것이 아니므로 항상 머릿속에는 창업에 관한 정보와 지식, 이 시대의 흐름을 알고 창업분야의 전문가나 경험 많은 선배들의 조언을 참고하는 것이 좋다.

1) 업종 선정방법

업종의 선정에는 두 가지 방법이 있는데 이는 '계획적 선정방법'과 '실천적 선정방법'이다. 계획적 선정은 유명 체인점에 가입하여 가맹점으로 출점하는 경우 또는 우수한 외국상표를 기술 도입하여 체인점 조직을 운영하려 하는 경우, 단순히 한식전문점을 운영하고 싶다는 생각으로 입지 선정 전에 미리 업종을 선정하는 경우 등이며, 실천적 선정은 입지가 결정되면 그 입지의 시장여건이나 구매패턴과 식생활 양태에 따라 적절한 업태 및 업종을 선정하는 경우가 이에 해당된다.

외식업 운영의 경우 경험이 많든 적든 간에 업종을 쉽거나 단순하게 선정할 수 있는 것이 아니다.

왜냐하면 그 시대의 식생활 여건 및 경제사정에 따라 선택한 업종이라고 해도 성공하거나 실패하는 두 가지 경우는 있기 때문이다. 외식업은 잘되는 업종이나 안 되는 업종이 따로 있을 수 없고 단지 잘되는 점포나 영업을 잘하는 경영자가 있을 뿐이다. 우수경영자가 운영하는 점포는 비록 대부분의 점포가 사양화하는 업종이라도 실적이 우수한 경우가 얼마든지 있기 때문이다.

그러나 일반적인 산업의 경향을 무시할 수는 없다. 평균적인 경영능력을 가진 경영주에게는 산업의 경향이 성공과 실패를 가늠하는 중요한 요소가 될 수 있기 때문이다.

2) 업종 선정 시 고려사항

① 모든 업종은 반드시 내려가는 사양기가 있다는 것을 인식해야 한다. 어떤 업종이 영원토록 나의 생계를 보장해 줄 것으로 생각하는 오류를 범하지 말아야 한다. 외식업메뉴나 업종도 일반생산도 상품과 마찬가지로 라이프사이클Life Cycle이 있다. 어떤 아이템이라도 사양기는 오기 때문에 꼭 성업 중인 업종만을 생각할 필요는 없다. 특히 음식업이 사양기에 들어서도 이익이 발생하는 예가 허다하기 때문에 이익이 발생하는 데만 집착하다 보면 엉뚱한 업종을 선정하기 쉽다. 따라서 신규 창업에는 그 업종의 매출추이, 이익추이, 사양기에 진입했는지의 여부 등을 면밀히 조사해야 하며 전문 컨설턴트의 조언을 듣는 것이 좋다.

② 독립점포로 개점할 것인가, 체인점의 일원으로 개점할 것인가를 생각해 본다. 말 그대로 자기의 성격이나 외식업에 대한 연구, 자금의 범위 등, 모든 부문을 검토해 보고 개인독립 점포인지 체인점의 일원으로 개점할 것인지를 결정해야 한다. 어느 쪽이든 장단점은 있으

므로 딱히 어느 쪽을 추천할 수는 없다. 개인 독립점포는 투자에 따르는 모든 위험부담을 혼자서 감당하는 대신 영업이 활성화되어 이익이 증가하면 그 모든 이익이 경영주 개인에게 귀속되는 장점이 있으며 영업 전략이나 신상품개발 등 자기의 개성을 얼마든지 발휘할 수 있는 자유로움이 있다.

그러나 메뉴개발, 판촉 전략의 구사, 종업원교육 등의 힘든 업무를 혼자서 처리해야 하는 어려움도 있는 것이다. 반면에 체인점 창업은 이와 반대의 경우가 될 것이다.

③ 전문 컨설턴트의 자문을 반드시 받아야 한다. 치밀하게 연구하고 철저하게 조사하여 작성한 계획도 다년간 경영에 경험이 있는 컨설턴트의 자문을 받아보는 것이 창업업무의 실패율을 줄이는 한 방법이 될 것이다.

(1) 업종 선정 시 고려해야 할 외부적인 사항

① 잠재고객 예측

식당의 상품을 구매할 예상고객의 충분한 수요발생이 예측되어야 한다. 잠재고객 파악을 위해 유동인구 수, 입점예정지의 인구 수, 라이프사이클, 연령분포, 소득수준에 관한 인구통계학적인 조사가 이루어져야 한다.

② 경쟁점포의 파악

아무리 아이템이 유망하더라도 경쟁업체가 많이 분포해 있으면 그 지역에서는 유망 아이템이 될 수 없다. 아이템을 선정할 때 수요와 공급 측면을 고려해 경쟁점포의 수를 파악하고, 경쟁점포의 장단점을 파악한 후 진입이 가능한지 확인한다. 개인 업체가 몰려 있을수록 유리하지만, 만약 포화상태일 정도면 성공이 어렵다. 따라서 경쟁점포의 매출을 추정하여 사업성을 고려해야 한다.

③ 구매처 선정

유망한 아이템이라도 공급이 어려우면 유망 아이템으로서의 매력이 떨어진다. 원재료의 상품구입이 쉽고 저렴해야 한다. 따라서 지속적인 생산이 가능한지를 조사해야 한다. 그리고 구매처와의 거리, 상품가격의 적정성, 공급업체의 배달관계 등의 품질, 유행, 신선도에 관한 만족도를 고려해야 한다. 프랜차이즈에 가입할 경우 본사의 능력을 확인해야 한다.

④ 낮은 위험도

어떤 식당이든지 영구적인 사업은 없다. 수익성이 높은 업종은 그만큼 경쟁업체가 많이 생겨날 것이고, 매스컴을 통해 많이 등장하는 기업은 유행 업종이 될 가능성이 높다. 따라서 모방을 최소화할 수 있고, 차별화된 아이템을 선택하여 위험도를 줄여야 한다.

(2) 아이템 선정 시 고려해야 할 내부적인 사항

① 경험 있는 분야의 창업

무경험자가 실패할 확률이 높은 이유는 창업 후의 이면에 있는 위험 변수들을 고려하지 않기 때문이다. 따라서 초보자의 경우 주변 전문가들의 경험이나 실제 유사업종을 방문하는 등의 현장조사가 필요하다.

② 성격

창업자의 성격을 고려하여 업종을 선택해야 한다. 외식업이나 식당은 무엇보다 남을 위해 배려할 수 있는 마인드를 가져야 성공할 수 있다.

③ 체력

식당이나 외식업 창업은 보기와 달리 상당한 체력과 인내심을 요구한다. 체력관리를 하지 않고 수익창출에만 집중한다면 건강을 잃게 되고 운영에 활력을 줄 수 없다.

④ 전문성

식당 창업자의 전문성을 발휘할 수 있는 아이템을 선정하는 것이 좋다. 그렇지 않으면 고려하는 창업에 대한 자격증 및 기술 습득을 통하여 불황을 이길 수 있는 기술과 사전에 준비된 사업은 성공률을 높일 수 있다.

⑤ 자금 규모

식당 창업 아이템 선정 시 여유자금을 확보해야 한다. 예를 들어 나의 자본이 1억 원이면 ½선인 5,000만 원선의 업종을 선택할 것을 권장한다. 창업 후 바로 수익이 발생되지 않으므로 적어도 6개월 정도는 수익이 발생하지 않는다는 전제로 유지할 수 있는 자본을 확보해야 실패율을 줄일 수 있다.

(3) 아이템 선정 시 기피해야 할 업종

① 최근 들어 라이프사이클이 짧아지고 있어 마진폭이 낮으면서 투자비가 많이 들어 투자비 회수기간이 긴 업종·업태로 변화하고 있는 만큼 장기적인 투자보다는 단기적인 계획에 초점을 두어야 한다.
② 메뉴의 라이프사이클이 짧거나 관련 종사원(특히 주방장, 아줌마, 아르바이트생 등) 구인이 쉽지 않은 업종·업태로서 특정 메뉴의 경우 주방장에 의지해야 하는 문제점과 그에 따른 대체인력문제로 운영이 원만하지 못한 업종은 피해야 한다.

③ 모방하기 쉽거나 경쟁점 출현이 예상되는 업종·업태는 과다·과열 경쟁으로 라이프사이클을 짧게 할 수 있으며, 때로는 식당주변에 대형화되거나 보다 나은 입지조건으로 경쟁점이 나타나 식당운영에 타격을 줄 수도 있다.

2. 입지조사

식당의 위치는 식당의 성패를 좌우하는 첫 번째 요소이다. 식당이 성공하기 위한 3요소를 들라고 하면 제1순위도 '입지'이고 제2순위도 '입지'이며 제3순위도 '입지'라고 말할 수 있다. 그만큼 입지의 중요성이 식당 번성에 막대한 영향을 끼친다고 할 수 있다.

그러므로 입지 분석은 그 목적이 자기가 희망하는 업종 또는 업태가 가장 활성화될 수 있는 장소를 선택하기 위한 것이며, 입지조사를 통해서 자기 점포의 영업이 잘될 것인지, 또 매출은 어느 정도가 될 것인지 예측하기 위한 기초자료가 되기도 한다. 입지Location란 대지나 점포가 소재하고 있는 위치적인 조건으로 접객 장소이다.

점포운영 및 채산성이 무엇보다 중요하므로 개점입지는 업종·업태별 특성을 감안하여 독립형 건물과 복합형 건물로 구별할 수 있고, 건물 층별, 고객흡입 정도, 그리고 상주하는 인구와 유동인구 등으로 어느 정도 구분하여 통행량을 조사한다. 또한 사람이 모이는 장소인지 분산지인지, 고객흐름이 유동성인지 아니면 정체성인지 등도 조사하여야 한다.

주변 상권조사는 번화가 또는 중심상가, 금융가나 오피스 밀집지역, 주택가, 아파트단지, 학원가, 대로변 등의 입지적 분류를 통하여 분명한 타깃을 고려하여야 하고, 유사 혹은 동종 업종·업태에 대한 메뉴가격대,

객단가, 매출, 고객층을 세분화하여 시장분석을 해나가야 한다. 이런 내용들은 시간대별, 요일별(평일, 토요일, 공휴일), 날씨별, 연령별 등을 상권 반경 내에서 직접 조사한 다음, 분석·진단·평가를 통해서 메뉴 및 가격대 등을 입지 전략에 반영해야 한다.

1) 입지조사의 목적

식당의 신규 창업을 위하여 점포 후보지를 선택하고 그 후보지 안에 있는 점포를 선정한다. 따라서 보통의 경우 입지와 대상건물을 함께 조사하는 것이 일반적인 조사 형태이다. 이미 어떤 업종을 운영할 것인가를 결정했으므로 이제는 그에 가장 적합한 위치와 건물을 선택하는 것이 포인트가 된다.

그러면 입지조사는 왜 해야 하는가? 그 목적을 명확히 해야 한다. 그 목적은 여러 각도에서 검토되어야 한다. 외식업의 경험유무와 관계없이 자기가 희망하는 업종이 가장 활성화될 수 있는 장소의 선택이기 때문에 막연한 조사가 아닌 분명한 목적을 갖고 입지조사를 해야 한다. 그러나 일반적으로 입지조사, 상권조사, 현지조사 등을 실시하면서도 구체적 목적이 명확하지 않고 단지 해야 한다는 고정관념에 사로잡혀 입지조사를 하는 경우는 피해야 한다.

입지조사의 목적은 다음과 같다.

① 자기 점포의 명확한 판매목표를 산출하기 위한 기초자료를 수집하기 위하여
② 자기 점포가 확보한 상권의 범위를 파악하기 위하여
③ 자기가 생각하는 상권의 범위 내에 어떤 유명점포가 있으며 자기와

경쟁할 점포를 조사하여 개점 시 그 점포에 대한 대응책을 마련하기 위하여

④ 현재의 시장 혹은 장래의 발전 가능성을 확인하기 위하여

⑤ 현재의 상권에서 가장 인기 있는 메뉴가 무엇이고 그 가격대는 어떻게 형성되어 있는지를 조사하여 자기 점포의 메뉴구성에 참고하기 위하여

입지조사의 기본목적은 이러한 내용을 종합하여 결과적으로 자기점포의 영업이 잘될 것인지, 매상은 얼마나 달성할 수 있을 것인지를 예측하기 위한 기초자료의 확보인 것이다.

2) 입지선정 조건

(1) 입지선정의 중요성

식당경영의 성공에 영향을 미치는 여러 가지 요인 중에서 가장 중요한 것은 점포의 입지이다. 아무리 사업가가 유능하다 할지라도 점포의 입지가 나쁘면 그 능력을 충분히 발휘하기 어렵고, 입지가 좋으면 비효율적인 경영으로 인하여 발생되는 문제점들을 극복할 수 있게 된다. 입지에 대한 의사결정은 장기적 고정투자의 성격을 가지고, 치명적 손실을 감수하지 않는 한 단기적 이전이 불가능하며, 매출액의 상한과 비용의 하한을 근본적으로 결정짓는 요인이 되고 있다.

소자본 경영에 있어 입지가 차지하는 비중이 70~80%에 달할 정도로 좋은 자리에서 장사를 하는 것이 중요하다.

(2) 입지 등급에 따른 특성

① 1급지의 특성 : 시내 중심가, 대규모단지, 대규모상가의 입구, 대로변 버스정류장 근처, 사거리 주변 등이다.

② 2급지의 특성 : 유동인구를 일부만 흡수하며 배후지에 거주하는 주민을 흡수하는 것은 1급지와 같다. 따라서 2급지는 유동인구를 상대로 하는 판매업보다 품질로 승부하는 음식점 등이 적합하다.

③ 3급지의 특성 : 1, 2급지에서 벗어나 수익성이 떨어지지만 틈새시장을 노려 경쟁을 피하고 시설비가 적게 드는 업종을 택하는 것이 좋다.

(3) 입지에 따른 업종형태 및 업종 선택기법

① 군집형 입지업종

가. 전문군집형 입지업종 : 서로 비슷한 업종의 점포끼리 군을 이룰 때 장사가 잘되는 업종을 말하며 유동인구가 주 고객이고 인지도가 높다. (먹자골목, 가구골목 등)

나. 복합군집형 입지업종 : 상이한 성격을 가진 여러 업종의 점포가 복합적으로 운집하여 있는 중심지 상권을 말한다.

② 업무보완형 입지업종

업무를 보완하는 업종끼리 함께 군을 이루고 있을 때 장사가 잘되는 업종을 말한다. (세무서와 세무사사무실, 법원과 변호사, 법원과 법무사사무실, 인쇄소와 카피라이터나 광고사, 문구점과 서점, 술집과 노래방 등)

③ 의존형 입지업종

기관 또는 특정업체의 종사자와 이용자들을 대상으로 영업활동을 하는 업종을 말한다. (학교 주변의 서점이나 문구점, 관공서 주변의 식당가 등)

④ 지역 밀착형 입지업종

인근 주거지역에 위치해야만 장사가 잘되는 업종을 말한다. (슈퍼, 세탁소, 편의점 등)

(4) 입지선정 시 고려사항

① 행정적·공법적 입지조건 : 인·허가 및 신고조건, 도시계획 및 개발 여부, 건축허가 및 용도, 점포 권리문제 등

② 상주인구조사 : 먼저 상권 내 거주세대, 인구 수를 파악하고 고객으로 흡수 가능한 연령을 파악하여 그 숫자를 체크한다.

③ 유동인구조사 : 유동인구의 파악은 계절별, 월별, 요일별, 시간대별로 나누어 분석하고 성별, 연령, 소득, 학력수준, 소비성향 등을 분석한다.

④ 경쟁업체, 보안업체 현황 및 실태 분석

⑤ 접근성, 흡인성, 가시성 분석 : 점포 입지는 고객들이 얼마나 쉽게 찾고 편하게 올 수 있는가 하는 사항도 중요하다. (대중교통이나 시설물의 접근 용이성, 주차조건이나 도로의 원활한 소통 등)

⑥ 주민, 고객의 이동 동선 구조파악 : 점포의 입지를 선택할 때 고객 대상들이 움직이는 동선을 파악하고 통행량이 많은 곳을 선택하는 것이 사업에 유리하다.

⑦ 도로구조 및 주차시설여부 : 점포 앞의 도로 폭, 차선, 주차시설은 어느 정도 확보할 수 있는지를 파악해야 한다.

⑧ 관공서, 대형시설건물, 지하철역, 버스터미널 등의 시설물 분석

⑨ 주변상권의 변화가능성 파악, 상권주기단계 파악, 사회변화추세, 도시계획여부, 관공서나 금융기관, 대형시설 등의 등장 및 이전에 따른 상권의 변화 가능성을 예측하여야 한다.

⑩ 상권에 따른 전반적인 업체의 평균 매출액, 당기순이익 파악

⑪ 점포와 집의 거리 : 점포는 될 수 있는 대로 집과 가까운 곳에 위치해 야만 영업이나 가사일에 여유를 가질 수 있다.

⑫ 권리금과 사업성

(5) 식당 타입별 주요 입지의 특성

식당 타입	주요 입지의 특성
대형 패스트푸드 식당	· 회전율을 높이고 테이크아웃 매출을 극대화하기 위해 번화가 중심지역 위치가 불가피함 · 특히 큰 사거리 교차로에 위치하는 것이 바람직함
중형 사이즈의 프랜차이즈 또는 패스트푸드 식당	· 상업지역과 주거지역을 잇는 주요 도로변에 위치 · 적정 매출을 올리기 위해서는 영업시간을 길게 가져가는 것이 바람직함
체인 식당	· 패밀리고객 또는 비즈니스고객을 위해 대형 상업지구 또는 백화점이나 쇼핑몰 주변에 입지 · 도보나 차로 이동하는 사람들의 눈에 띄기 쉬운 중심 도로변에 위치하고 인지도를 확대하기 위한 건물 디자인도 중요 · 주차장 편의시설은 필수
호텔 식당	· 호텔 메인로비 또는 주변 거리와 연결 · 눈에 잘 띄는 출입구 · 2~3층 또는 그 밖의 고층에 위치할 경우 엘리베이터나 에스컬레이터로 연결될 수 있는 위치
쇼핑몰, 대형건물 또는 테마파크 식당	· 주변 전망을 내려다볼 수 있는 위치 · 외관 및 내관이 훌륭한 건축구조물 주변에 위치하는 것이 바람직함 · 스낵, 패스트푸드, 테이블서비스 등 멀티플 아울렛(multiple outlet)을 고객들이 요구함 · 피크타임 때의 고객 동선흐름이 위치선정 시 가장 중요 · 물품 반입 및 반출 관련 시설의 접근 용이성 필요
일반 소규모 식당, 비스트로, 펍(pub)	· 고객유입을 위한 주변 식당과의 차별화된 독특한 출입구 디자인 · 점심시간대 고객을 유도하기 위한 각종 장치물(배너, 간판 등) · 비스트로 및 pub의 경우, 분리된 bar 공간 필요

(6) 식당 형태별 외관의 특성

식당의 형태	외관의 특성
고급식당	• 메뉴와 연관성 있게 매우 독특하고 고급스럽고 클래식해야 함 • 고객 프라이버시를 위해 내부를 볼 수 없게 한 구조가 대부분 • 판매 메뉴를 알리기 위한 메뉴 스탠드가 식당 앞에 있어야 함 • 발레파킹 또는 주차요원과 안내요원이 대기
대중식당 또는 커피전문점	• 큰 사이즈의 윈도를 통해 이용하는 고객 부류, 인테리어 및 내부 분위 기를 볼 수 있게 함
패스트푸드 식당	• 외관은 크고 오픈형태 • 입구에서 서비스 카운터와 판매메뉴를 생생하게 볼 수 있게 하여 구매 의욕을 고취시킴
체인 식당	• 식당이 갖고 있는 고유의 브랜드 이미지와 인지도를 알리기 위한 스타 일. 그래픽이 중요한 요소로 작용 • 브랜드 이미지(brand image)는 식당의 모든 요소, 외관의 창문, 현관, 네 온사인뿐만 아니라 인테리어, 메뉴, 종업원 유니폼 등에 일관성 있게 표현해야 함

3. 입지선정

1) 입지 종류

(1) 다운타운형(Down Town)

도심형, 또는 번화가형이라고 하며, 서울이나 부산을 비롯한 대도시는 물론 지방도시에도 이런 형태의 입지가 존재한다. 지방 중소도시를 형성하여 쇼핑이나 번화가를 중심으로 모였다가 분산되어 간다. 상업이나 비즈니스 관계의 오피스텔도 있으며 병원이나 학교, 서비스관련 업종도 많은 일반적인 패턴을 형성하고 있다. 낮과 밤의 인구 이동이 매우 높아 어느 정도 대도시의 다운타운형이 아니면 심야 영업은 곤란을 겪는 단점이 있다. 또한 대형 번화가가 아니라면 일요일 영업이 어렵고 사업장 수의 절대 부족으로 고객이 적기 때문에 입지가 곤란하며, 패스트푸드나 패밀리레스토랑, 뷔페레스토랑, 디너하우스 등의 개점에 유리하다.

(2) 어번형(Urban)

주택가와 사무실의 혼합형으로 인구 20~30만 명의 지방도시에서 볼 수 있으며, 교외로 나오는 국도나 간선도로를 따라서 입점하는 경향이 있으며, 주로 낮 시간대 비즈니스맨의 이용을 기대할 수 있지만 거주하는 주민은 고령자가 많아 손님 내점빈도는 높지 않다. 개점에는 커피전문점, 스낵, 라면, 우동점 등 비교적 대중 레벨의 음식점이 유리하다.

(3) 서버번형(Suburban)

가장 전형적인 교외 입지형으로 교외 주택가 어디에나 있으며, 서울의 위성도시인 분당이나 일산, 판교 등이라면 규모, 밀도에 있어서 주변 고객을 모을 수 있는 특징이 있으나 일반 지방도시의 주택지에서는 그 정도의 손님을 모을 수 없다. 지방의 경우에는 근린형, 소형 상점가가 있거나 공업단지, 도매단지, 대형 쇼핑센터가 입점하는 경우를 제외하고는 이 입지에서의 음식점은 일요일이나 공휴일에 집중되는 경향이 높다. 주로 가족들이 자동차를 이용하는 경우가 많아 지리적으로 넓은 지역을 대상으로 고객을 겨냥할 수 있으며 대도시에서의 서버번인 경우 패스트푸드도 유리하다.

(4) 드라이브인형(Drive In)

자동차시대 초기에 간선도로를 따라 생기는 입지형태였으나 최근에는 관광지, 리조트 입지의 드라이브형이며, 최근에는 고속도로의 발달에 따라 고속도로 안에 입지하는 휴게소 등의 스타일로 바뀌어 왔으며, 주 5일 제로 인한 레저와 여가생활의 발달로 장기적으로는 휴양지나 리조트에 새로운 타입의 식당이나 레스토랑이 번성할 것으로 여겨진다.

4. 상권 분석

창업하고자 하는 입지에서 매출목표를 산출하기 위한 기초자료를 얻기 위한 상권·입지조사 분석은 지역별 상권의 특성을 총체적으로 이해할 수 있도록 해야 하며, 입점예정 상권 내의 업종·업태별 분포현황을 파악 해야 한다. 이를 기초로 장단점을 분석하고 위협 및 기회요인을 최대한 극복·활용하여 경쟁식당과의 차별화 전략도 세울 수 있어야 하며 내 점 포가 확보할 상권의 범위도 파악할 수 있어야 한다.

또한 현재의 여건과 앞으로의 발전가능성, 현재 상권 내에서 가장 잘되고 있는 식당과 인기 있는 메뉴, 형성되고 있는 가격대를 조사하여 창업 점포의 메뉴구성에 참고로 활용할 수 있어야 한다.

이때 상권의 크기는 창업하고자 하는 식당의 업종·업태의 규모, 메뉴, 가격대, 배달여부, 기타 서비스, 입지조건, 교통사정 등에 의하여 규정된다. 원칙적으로 상권은 중심지에 형성되는 것이라고 하나, 실제로는 자연 조건이나 교통사정에 따라 달라지며 상권은 인위적으로 형성되는 것이 아니라 자연적인 흐름에 의하여 형성된다.

1) 상권의 정의

상권Trade area이란 고객이 흡인되는 지리적 범위 즉 상가 및 점포를 이용하고 있거나 이용할 가능성이 있는 소비자가 위치하고 있는 범위를 말한다.

2) 상권의 형태 및 특징

(1) 거리에 따른 분류

상권의 설정은 특정 점포가 고객을 끌어들이는 지리적 범위가 어느 정도인가를 파악하는 것을 말하며, 매출 구성비의 의존도가 높은 정도에 따라 일반적으로 1차, 2차, 3차 상권으로 구분된다.

① 1차 상권 : 사업장 이용고객의 65~70%를 포함하는 범위를 말하며 점포에서 반경 약 500미터 이내의 지점을 말한다.
② 2차 상권 : 사업장 이용고객의 25~30%를 포함하는 범위를 말하며 점포에서 반경 약 1km 이내의 지점을 말한다.
③ 3차 상권 : 1, 2차 상권 이외의 고객을 포함하는 범위를 말한다.

(2) 의존형에 따른 분류

① 주거지형 상권 : 지역밀착형 상업지역으로 상주인구를 중심으로 고객을 흡수하는 상권
② 도심지형 상권 : 도시 중심 상권으로 유동인구를 중심으로 고객을 흡수하는 상권
③ 복합형 상권 : 인근지역 상주인구와 점포 앞 통행인구를 동시에 흡수

하는 상권

(3) 상권의 구분

구 분	1차 상권	2차 상권	3차 상권
개별점포	점포매출 또는 고객 수의 65~70% 정도 이상을 점유하는 고객의 거주범위로 도보로 10분 이내의 소상권	1차 상권 외곽지역으로 매출 또는 고객 수의 25~30% 정도 이상을 점유하는 고객의 거주범위	2차 상권 외곽지역으로 매출 또는 고객 수의 5~10% 정도 이상을 점유하는 고객의 거주범위
공동점포	상권 내 소비수요의 30% 이상을 흡수하고 있는 지역	상권 내 소비수요의 10% 이상을 흡수하고 있는 지역	상권 내 소비수요의 50% 이상을 흡수하고 있는 지역
패스트푸드	500m	1,000m	1,500m
패밀리레스토랑	1,000m	1,500m	3,500m
캐주얼레스토랑	1,500m	2,500m	5,000m

(4) 군집형태에 따른 분류

① 복합군집형 상권 : 각양각색의 업종들이 상호 보완작용을 하며 상행위를 하는 여러 업종의 집합군(시내 중심가, 대형백화점 등)
② 전문군집형 상권 : 동일 또는 유사한 상품이나 서비스를 제공하는 동업종의 집합군(먹자골목, 가구골목, 유흥 주점가 등)

3) 상권의 특징

① 변화하는 상권은 도입기, 성장기, 성숙기, 쇠퇴기 등으로 변하며 새로운 상권이 등장하기도 한다.
② 업종에 따른 상권변화는 경쟁업체, 보완업체의 분포 및 현황에 따라

계속 이루어진다.

③ 상품의 품질에 따른 상권 변화
  • 고급품(귀금속, 고급신사복, 양장, 고급가구 등) : 중심상권지역에
    위치
  • 생활필수품(일용잡화 등) : 인근 주택지역에 위치

4) 상권의 변화 및 이동원인

① 교통수단의 변화, 지하철의 등장, 버스터미널의 형성 및 이전, 버스
   정류장 이전 등
② 대형업체의 등장, 대형 할인점, 백화점 등의 등장
③ 관공서, 대규모 회사의 등장 및 이전
④ 소득수준 증가에 의한 소비경향 변화로 상권이동

소득수준의 증가로 고급품의 소비촉진과 1차 산업 상품의 소비감소 등
재래시장의 상권 위축, 편리성 강조로 중심상권의 많은 업종들이 주거지
형 상권으로 이동

5) 상권분석 기술

① 상권지도 작성
② 상주인구, 유동인구, 사무실 종업원 수 조사
③ 경쟁업체, 보완업체 현황 및 실태 분석
④ 접근성, 흡인성, 가시성, 연출성 분석
⑤ 주민, 고객의 이동 동선구조 파악
⑥ 도로구조 및 주차시설 여부 분석

⑦ 관공서, 대형 시설건물, 지하철역, 버스터미널 등의 시설물 분석

⑧ 주변 상권의 변화 가능성 파악, 상권 주기단계 파악

⑨ 상권에 따른 전반적인 업체의 평균매출액, 당기순이익 파악

6) 점포 계약 시 유의사항

식당경영자의 어려움 중 하나가 점포 계약과 관련한 사항이다. 점포 임대 계약은 식당을 성공으로 이끄는 첫 단계임을 주지할 필요가 있다. 점포를 임대 계약할 때 꼭 알아야 할 사항을 점검해 보자.

① 점포가 영업에 적합한 곳인지 조사 : 건물의 노후상태와 출입문의 방향, 통행인구, 주차장의 유무, 주변 점포와 비교해 임대료가 적정 수준인지, 업종이 자주 바뀌거나 주인이 자주 바뀌는지를 충분히 살펴보는 것이 좋다.

② 법적으로 문제가 없는 건물인지 확인 : 부동산 등기부등본 확인을 통해 부동산 소유주, 근저당권, 가등기 및 가압류 등의 설정 여부를 확인한다.

③ 식당경영의 준비 자세 : 처음 창업하는 경우에는 자금이 있더라도 크게 하는 것보다 작게 시작해서 경험과 노하우를 축적한 다음 규모를 점차 키워나가는 것이 좋다.

7) 상권의 크기 분석

식당 상권	상권의 크기
중식전문점	500m 이내 5,000명~1만 명 상주인구
한식전문점	200m 이내, 2,000명 이상 오피스 인구 및 유동인구(상품성, 서비스, 분위기 등이 독특할 때 5km까지 가능)
일식전문점	500m 이내 5,000명~1만 명 상주인구(입지 및 메뉴에 따라 5km까지 가능)
패스트푸드	2km 이내 2~3만 명의 젊은 층 유동인구
패밀리레스토랑	5km 이내 4만 명의 상주인구 및 유동인구
커피전문점	300~500m 이내 5,000명 이상의 주간 유동인구가 많은 곳
치킨전문점	2km 이내 5,000명(2,000세대) 이상의 상주 및 유동인구

8) 상권분석을 위한 참고자료

조사의 종류	내 용
상권조사	소매점포 또는 접객요소 등 고객을 흡입하는 지역표지를 위한 자료
상권인구, 거주자특성 조사	상권인구(총수 · 남녀별 · 연령별), 세대 수(총수 · 세대별), 산업별 취업인구, 학력, 인구동태(자연증감, 사회증감), 거주형태, 거주수준, 학생 수, 진학률
구매력, 소비성향 조사	상권세대별 소득, 가계지출
교통, 통행량 조사	도로상황, 교통운행상황, 주요 역의 승강객 수, 차량통행량
상점, 경쟁점 조사	상권의 점포 수, 매출, 면적, 직원 수, 대형점 위치, 주차장, 면적, 영업시간, 외식업통계, 현장방문조사 등
각종 지역정보 조사	시가지의 형성, 도시계획상황, 도시개발상황, 각종 행정지도의 내용, 도시계획상의 규제 내용 등
주택 현황	주거지의 주택소유 현황
법령 조사	건축법, 소방법, 위생법 등의 내용

5. 판매촉진을 위한 수단

미국 마케팅협회AMA에 의하면 "판매촉진이란 대인판매, 광고, PR을 제외한 마케팅 활동으로서 소비자의 구매와 취급상의 효율성을 자극하는 것인데, 일상 업무로 볼 수 없는 상품전시, 진영, 전시회 등을 포함하는 것"으로 정의하고 있다. 이러한 판매촉진의 세부적인 목적은 매우 다양하며, 새로운 마케팅 사고의 필요성이 대두되고 있다.

이제는 현대 마케팅 환경에서 소비자가 주도하는 시장이 되었으며 기업들은 바로 이 사실의 참된 의미를 깨닫고 근본적인 대응을 하지 않으면 안 되게 되었다.

그러므로 소비자 중심의 마케팅 근본원리를 바탕으로 소비자와의 유대관계Relationship를 강화하는 전략이 소비자가 주도하는 시장에서 살아남을 수 있는 유일한 방법이자 성장할 수 있는 근본적인 해결책이라 할 수 있다.

새로운 마케팅사고란 단순 데이터가 아닌 관리 가능한 데이터 즉 Relation Data를 근거로 하여 시장의 가장 작은 단위인 소비자 개개인에게 밀착하여 전개하는 Relationship 마케팅을 의미한다. 이는 고객 개개인에게 가장 많은 효율을 뽑아내는 전략이라 하여 Max마케팅이라고 하며 데이터를 근간으로 하여 전개하기 때문에 Data Base마케팅이라고도 한다.

1) 여성 마케팅

국내 소득수준이 높아지고 라이프스타일이 변화하면서 국내 외식시장 중 큰 비중을 차지하고 있는 피자시장에서 여성 마케팅을 도입하여 성공한 예로 미스터피자를 꼽을 수 있다.

미스터피자는 1990년 초기 여대생들의 입맛을 공략하기 위한 제품을 선보이며 브랜드네임을 알리는 것에 주력하여, 매달 7일을 '우먼스데이'로 지정하여 피자를 주문하는 여성 고객에게 20% 할인과 함께 경품 이벤트 등을 실시하는 프로모션 마케팅을 실시한 결과 매출신장이 일어났고 브랜드 이미지 또한 30~40% 상승하였다.

또한 여성고객이 선호하는 외식업체에서는 아이를 동반한 주부고객을 위한 놀이방을 운영하여 편안하게 식사할 수 있는 서비스를 마련하여 여성고객을 유인하는 동시에 미래의 잠재고객인 어린이 고객을 유인하는 수단으로 삼고 있다.

2) 키즈 마케팅

최근 들어 어린이에서 유아에 이르기까지 그 영역이 확대되고 있는 키즈 마케팅이란, 어린이들을 상대로 한 판매 전략으로 엔젤 비즈니스라고 부르며 키즈kids라는 용어를 사용해 키즈 비즈니스라고도 하는데 어린이 중심의 소비시장이 전체시장에서 차지하는 부분이 커져가고 어린이가 미래의 잠재적 소비주체라는 것이 중요하게 작용하기 때문에 기업들은 어린이를 독립적인 구매자로 인식하여 어린이 관련 업종뿐만 아니라 관련이 없는 분야에서까지 미래 고객에 대한 투자에 적극 나서고 있다. 최근에는 아동복, 학습교구 및 학습지, 완구, 학원 등 전형적인 업종뿐만 아니라 어린이 전문 쇼핑몰, 실내놀이터, 헤어숍, 스튜디오, 병원 등 다양한 아이템이 키즈 시장을 선도하면서 금융권에도 키즈 마케팅 바람이 불기 시작했다.

그러므로 어린이들의 의사 결정권이 강화된 외식업체들도 어린이 전용 메뉴의 개발, 놀이방 설치, 생일파티, 전용카드 발급 등 다양한 메뉴 및 색다른 이벤트를 통하여 그 영향력의 강도를 높여야겠다.

3) 싱글족 마케팅

싱글의 사전적 의미는 가족을 구성하지 않고 나 홀로 삶을 사는 1인 가구를 의미한다. 정신적 · 경제적으로 독립된 삶을 살아가고 있는 사람들이 이 시대의 싱글들인 것이다.

싱글족은 미혼, 독신, 이혼 및 사별 이후의 독신, 평균수명 연장으로 인한 노년기 독신에 이르기까지 그 범위가 포괄적이다. 우리나라 싱글족은 2010년 기준 약 700만 명 정도에 이른다. 싱글시장의 마케팅은 모든 싱글들을 타깃으로 삼지 않는다. 싱글시장에서 마케팅 타깃은 구매력을 갖추었으며 주로 도시에 독거하는 20대 후반에서 40대 초반까지의 미혼 남녀 싱글족을 전제로 이어져 나간다. 즉 비교적 여유 있고 인생을 즐기려는 라이프스타일과 소비의 경향에 중점을 둔 마케팅이라 할 수 있다.

4) 감성 마케팅

감성 마케팅을 감성소비라 하는 배경에는, '오감'에 대한 인식이 매우 중요시되고 있기 때문이다. 감성을 이끌어내는 것이 바로 감각이며 감각 마케팅은 오감 즉, 시각, 청각, 후각, 미각, 촉각의 감각기관을 자극함으로써 즐거움과 만족감을 전달하는 것이 목적이다.

결과적으로 감성 마케팅은 '감각 마케팅'을 통해 고객에게 식당이나 브랜드에 대한 느낌을 유발시켜 눈에 보이지 않는 감성이나 취향을 눈에 보이는 색채, 형태, 소재 등을 통해 형상화시키는 것으로서 이러한 감성 마케팅의 특징은 자극을 통해 소비자들의 무의식적인 반응을 이끌어내고 이를 매출 증대로 연결한다는 데 의미가 있다.

5) 쿠폰 마케팅

소비 경기가 위축되어 소비자의 가격 지향이 높아지면서 쿠폰족이 늘고 있다. 피자나 치킨을 배달시키면서 쿠폰을 모으고, 커피전문점에서 커피를 마시면서 쿠폰을 모으는 모습을 흔하게 볼 수 있다. 패밀리레스토랑 업계에서 가장 많이 사용되는 판촉형태가 가격할인과 경품제공인데 할인쿠폰, 무료쿠폰, 적립카드, 사은품 혜택들을 제공하듯이 쿠폰 대부분이 세트메뉴나 일정금액 이상의 식사를 구매했을 때 사용 가능한 것이 많은 비중을 차지하고 있으며, 최근에는 인터넷 사용의 확산으로 홈페이지에서 쿠폰을 출력하거나 쿠폰을 전문으로 서비스하는 사이트가 등장하기도 하였다.

6) 모바일 마케팅

휴대폰으로 인터넷을 사용하는 스마트폰이나 트위터가 가능한 휴대용 네트워크 도구를 활용한 것이 모바일 마케팅이다. 모바일 마케팅은 개인화 매체라는 휴대폰의 장점인 이동성을 가지고 언제 어디서나 휴대폰을 소지한 고객을 대상으로 원하는 서비스를 실시간으로 제공한다.

7) 요일(월별) 마케팅

주 5일 근무제가 확대 실시됨에 따라 외식트렌드가 서서히 바뀌고 있다. 배달을 위주로 하는 업체는 실질적 주말이 금요일부터 시작됨에 따라 주말 소비로 인하여 위축된 소비를 파악하여 영업이 되지 않는 요일에 집중적으로 프로모션을 해야 할 것이며, 주말이 가족중심의 패러다임으로 강화되고 있음을 파악하여 메뉴개발과 실내 인테리어를 강화하여 주말가

족고객을 유치하기 위해 노력해야 한다.

8) 음식모형 마케팅

식당 외관에 현혹되어 들어가 보고 싶다는 호기심을 느꼈으나 메뉴와 가격, 음식의 양과 질에 대한 정보의 부재로 고객이 다른 곳으로 발길을 돌린다면 식당 매상에 많은 영향을 줄 것이다. 이러한 고객에게 메뉴판이나 음식모형 등 기본적인 정보만 제공한다면 방문으로 연결될 가능성이 상대적으로 높고 당연히 첫 방문 시 만족감을 느꼈을 것이고 획기적인 영업적 성과를 가져올 수 있다.

다양한 업종과 업소가 몰려 있는 대형마트와 백화점 등의 대형 푸드코트는 일반 로드숍에 비해 음식모형이 차지하는 비중이 크다. 음식모형에 대한 인식이 확산되면서 푸드코트는 물론 일반 음식점 및 주점, 베이커리에 이르기까지 그 활용도가 높아지는 추세이다.

9) 블로그(미니홈피) 마케팅

최근 들어 인터넷상에 개인 블로그blog가 인기를 끌고 있다. 개인 미디어가 이제 유행을 넘어 문화를 형성할 정도이며 신세대의 새로운 커뮤니케이션 방식으로 각광받고 있으며 블로그에서 소개하는 맛집이 폭발적인 인기를 끌고 있다.

10) 가격 마케팅

장기간 이어지는 경기침체는 소비자들의 소비태도를 보다 저렴한 비용, 고품질의 합리적인 소비성을 지니게 하게 되었으며, 그중에서 가장

가격할인에 신경을 쓰고 있는 곳은 식당과 레스토랑, 패스트푸드업체가
아닐까 한다.

 가격 할인정책은 단기적으로 소비자들의 관심을 끌어 매장 방문의 빈
도를 높이는 데는 효과적이지만 브랜드 이미지 측면과 장기적인 측면에
서 권장할 만한 것은 아니다. 결국 가격에 대한 가치를 소비자에게 전달
하는 어려움이 있는 것이다.

11) 타임 마케팅

 타임 마케팅은 시간을 통해서 창조 및 전개되는 소비자의 만족을 제일
주의로 삼는 비즈니스 활동이다. 이러한 타임 마케팅은 고객에게 재미와
이벤트를 동시에 주고 고객의 시간을 활용하여 단골 고객으로 만들 수 있
는 효과가 있다. 타임 마케팅은 가격이나 품질뿐만 아니라 고객의 시간을
아껴줌으로써 판매촉진에 기여한다는 시간절약형 마케팅과 이와 유사한
개념으로 매출효율을 강화하고 고객 집객을 높이기 위하여 일정한 시간
동안 고객에게 특별한 서비스를 제공하거나 차별화된 시간개념을 이용하
여 고객의 주목을 끌도록 하는 기한부형 마케팅의 방법이다.

좋은 입지(명당) 후보지

① 버스노선 5개 정도의 정류장에서 50m 이내
② 버스 종점 반경 50m 이내, 아파트, 주택 사거리
③ 편도 2차선 3거리 이상 도로의 200m 이내
④ 반경 500m 이내에 동종 식당이 3개 이상 없는 곳
⑤ 고정인구 2만 명, 세대 수 5천 가구 이상의 소도시 지역
⑥ 2,000세대 이상 대규모 아파트 및 주택단지가 밀집한 곳
⑦ 고교 이상 대학가 주변 정문 300m, 후문 100m 이내
⑧ 주변에 10층 이상 건물이 5개 이상 밀집된 곳

제6장

식당경영의
개점 전략

1. 가격결정 전략

1) 가격결정에 미치는 사회적 요소

(1) 수요의 탄력

메뉴에 제공되는 아이템, 가격, 질 그리고 기타 환경의 변화는 수요를 증가 또는 감소시킬 수 있다. 특히 가격 인상은 수요에 아주 민감한 반응을 보인다.

(2) 고객이 인지한 가치

식당의 모든 상품에는 크게 3가지의 이미지가 있다고 한다. 첫째가 상품의 실제 이미지, 둘째가 그 상품이 이렇게 평가되었으면 하고 바라는 이미지, 마지막 세 번째가 다른 사람이 그 상품을 평가한 이미지이다.

레스토랑이나 식당에서 고객은 식사의 대가로 요구받은 금액을 지불한다.

여기서 말하는 식사의 대가란 포괄적인 의미로 고객에게 제공된 모든 가치를 말한다. 즉 예약과정부터 또는 레스토랑이나 식당에 도착하여 식사를 마치고 그 식당을 완전히 벗어나기 전까지의 과정에서 제공받은 유형·무형의 서비스에 대한 가치를 말한다.

이것을 Meal Experience라고도 한다. 그리고 지불한 가치와 제공받은 식사의 가치를 비교한 다음 지불한 만큼의 가치가 있는지의 여부를 평가하게 된다.

이와 같이 고객은 지불한 가치에 대한 평가를 제공받은 모든 유형·무형의 서비스를 대상으로 하기 때문에 음식 자체만을 고려하여 결정하여서는 안 된다.

(3) 경 쟁

경쟁이야말로 가격결정에 가장 큰 영향을 미치는 변수로 알려져 있다. 특히 우리나라의 경우 제공되는 유·무형의 서비스에 대한 차별화가 뚜렷하지 않은 경우에 가격결정에서 경쟁의 고려는 절대적이다. 아이템의 차별화만이 가격경쟁에서 우위에 설 수 있는 유일한 방법이다. 그러기 위해서는 메뉴 계획 단계부터 차별화가 이루어져야 한다.

(4) 정부의 규제

가격 자율화 이후에도 물가 안정과 과소비 억제정책의 일환으로 정부로부터 규제를 받기도 한다.

(5) 위 치

식당이나 레스토랑이 위치한 장소에 따라 가격은 매우 큰 영향을 받는다.

(6) 서비스 타입

음식을 고객에게 제공하는 서비스 방식뿐만 아니라 고객에게 제공하는 유·무형 서비스의 종류와 질도 가격결정에 영향을 미친다.

(7) 질과 맛

음식의 질은 이용하는 식자재의 신선도와 질, 조리방식, 생산부서와 판매부서(서빙부서) 종사원의 기능 정도 등에 따라 가격결정에 영향을 미친다.

(8) 매출액

식당의 규모와 예상매출액도 가격결정에 영향을 미친다.

(9) 제반비용

고객에게 제공할 유·무형의 상품을 생산하는 데 소요되는 비용은 가격결정에 지대한 영향을 미친다.

(10) 식료 원가

가격결정에 가장 영향을 많이 미치는 것이 식료 원가이다.

(11) 생산방식

중앙주방시스템인가, 단일주방시스템인가에 따라, 사용하는 식자재가 완제품인가, 반제품인가에 따라 가격결정에 큰 영향을 미친다.

(12) 가격정책

사전에 설정한 가격정책도 가격결정에 영향을 미친다.

(13) 원하는 수익률

영업을 통하여 얼마의 수익률을 기대하느냐에 따라서도 가격결정은 영향을 받는다.

(14) 식자재의 공급시장

식자재 공급시장의 위치와 조건은 가격결정에 커다란 영향을 미친다.

2) 가격결정의 형태

(1) 모 방

고객에게 제공할 아이템을 선정할 때 대부분 메뉴 계획자들의 수준이

187

거의 같거나 비슷한 업종·업태의 메뉴를 모방하는 경향이 있다.

식당에서 이렇게 모방된 메뉴는 레스토랑의 판매가를 약간 수정하거나 그대로 사용하게 된다. 판매가 결정의 중요성을 감안하면 무지하기 한이 없지만, 판매가에 대한 의사결정을 상당히 선호하는 것으로 알려져 있다. 왜 모방을 선호하느냐 하는 문제는 업종·업태가 비슷하고 여러 가지 시장여건이 비슷하다면 달리 할 방법이 없다고 생각하기 때문이다. 이는 납품물건, 인건비, 관리비가 거의 비슷하기 때문이다.

(2) 단수 가격

화폐가치의 단위가 높은 아시아보다는 유럽지역이나 미국에서 많이 사용되는 것으로 판매가의 마지막 수치를 홀수로 끝내는 방식이며 국내에서는 런치세트나 콤비네이션 메뉴에 사용하는 레스토랑이 늘고 있다. 최근에는 패스트푸드의 세트메뉴를 보면 알 수 있다.

(3) Prime Cost를 이용하는 방식

프라임 코스트(식자재 + 직접인건비)는 전체 인건비의 약 ⅓을 직접인건비로 간주하여 식자재의 원가에 추가하여 프라임 코스트를 설정한다.

예를 들어, 전체 식료 원가율이 30%, 전체 인건비율이 24%, 특정 메뉴를 생산하는 데 필요한 식료원가가 6,000원, 직접인건비가 1,500원이라 하면,

첫째, 프라임 코스트를 계산한다.
식료원가(6,000원) + 인건비(1,500원) = 7,500원

둘째, 프라임 코스트율을 구한다.
식료원가(30%) + 인건비(8% = 24% × ⅓) = 38%

셋째, 팩토를 구한다.

매매가(100%) − 프라임 코스트(38%) = 마진(62%), 팩토(100% / 62%) = 16

넷째, 매매가를 계산한다.

700 × 1.6 = 1,120원

다섯째, 매매가＋알파를 고려하여 매매가를 결정한다.

(4) 실제 원가를 이용하는 방법

생산 및 운영에 소요되는 제반비용과 원하는 이윤까지 포함하여 매매가를 계산하는 방식으로 더 구체적인 방식이다. 식음료원가, 노무비, 변동비율, 고정비율, 그리고 이윤을 바탕으로 다음과 같은 공식으로 판매가격을 계산한다.

판매가(100%) = 식자재원가 ＋ 총인건비 ＋ (총 매출액에 대한 변동비%) ＋ (총 매출액에 대한 고정비) ＋ (총 매출액에 대한 이윤%)

① 매출에 대한 고정비, 변동비, 이윤을 차지하는 비율을 계산한다.
② 특정 아이템에 대한 식료원가와 인건비를 금액으로 표시한다.

(5) 시장 가격결정법

시장의 주도권을 잡고 있는 가격형성 주도자가 가격을 변동할 때 같은 업종의 다른 업소들이 이 시장리더에 의해 책정된 새로운 가격을 따르는 방법으로, 대표적인 패스트푸드 업체인 맥도날드에서 햄버거 시장의 가격이 기준이 되는 예가 있다.

2. 메뉴 분석

1) 메뉴 분석의 의의

식당에서 메뉴 분석은 메뉴가 계획되고 디자인되는 과정, 실제의 메뉴, 그리고 일정기간 동안의 영업성과를 바탕으로 수익성과 선호도를 평가하고 분석하는 것이다. 철저한 분석과정을 거치지 않은 식당경영자들은 계획했던 목표를 달성할 수 없을 뿐만 아니라 방향감각을 잃은 경영을 면하지 못할 것이다.

부진한 판매실적과 목표에 미달된 이윤실적은 식재료를 잘못 구입했다든가, 1인분의 양으로 관리방법이 미숙했다든가, 인상된 원가나 비용이 조리과정에서의 낭비적 요인 이외에 판매될 메뉴 품목의 배합이 합리적이지 못한 것에 기인된다고 여겨진다. 어떤 메뉴는 특히 강조하여 적극적으로 판매하도록 하고, 또 어떤 메뉴는 이에 부수적으로 판매하도록 하는 반면에, 수익성을 기대할 수 없는 메뉴는 처음부터 품목에서 제외시켜야 한다.

식당 운영자는 판매·원가·이윤의 측면을 검토하여 최상의 메뉴를 분석하고, 그 분석의 결과를 피드백feedback이라는 과정을 거쳐 다시 메뉴 계획과 디자인 그리고 실제의 메뉴에 반영하여야 한다.

2) 메뉴 엔지니어링(Menu Engineering)

메뉴 품목의 수익성과 선호도를 중심으로 한 여러 가지 메뉴 분석기법들이 있으나 여기서는 가장 많이 알려져 있는 메뉴 엔지니어링menu engineering에 대해 소개하고자 한다.

메뉴 엔지니어링의 기법은 마이클 카사바나와 도널드 스미스Michael Kasavana & Donald Smith에 의해 개발된 메뉴 분석 프로그램으로 가격결정과 메뉴의 믹스, 공헌이익, 메뉴 품목의 포지션에 중점을 두고 개발된 패키지 프로그램이다. 이 분석기법은 공헌마진CM : Contribution Margin, 판매량, 전체 판매량 중에서 팔린 수량MM : Menu Mis을 기준으로 하여 수익성과 선호도를 분석한다.

메뉴 엔지니어링은 마케팅적 접근에 의해 메뉴의 가격·디자인·내용을 평가하는 기법으로, 메뉴의 시장성을 평가할 수 있는 우수한 방법이다.

이 분석에서 메뉴의 모든 품목은 4개의 범주로 나누어지고, 그 범주마다 특정 명칭을 부여받는다.

메뉴 엔지니어링의 이점은 분석결과가 메뉴의 개선improving the menu을 위해 사용될 수 있다는 것이다.

〈메뉴 품목의 범주〉

Star	선호도도 높고 수익성도 높은 품목
Plowhorses	선호도는 높으나 수익성이 낮은 품목
Puzzle	선호도는 낮으나 수익성이 높은 품목
Dog	선호도도 낮고 수익성도 낮은 품목

(1) Star

① 선호도도 높고 수익성도 높다.

② 현재의 수준을 엄격히 지킨다.

③ 메뉴를 눈에 띄기 쉬운 위치에 배치local point

④ 판매가격의 비탄력성 테스트(독점형식 → 가격 인상을 고려)

⑤ 판매기술 사용(수요의 변화를 위한 종업원의 요령)

(2) Plowhorses

① 선호도는 높으나 수익성은 낮다.

② 신중한 가격인상(가격변동이 매출액에 미치는 영향을 고려해야 한다) : 제품의 특정 식음료 영업장에서만 볼 수 있는 유일한 것일 때 효과적이다.

③ 수요를 위한 테스트 : 가격인상에 대한 반발이 있을 경우 '품목의 재배치나 재포장'하여 인상할 수 있다.

④ 메뉴의 재배치 : 낮은 수익성을 가진 품목 속에 배치한다.

⑤ Plowhorses에 해당하는 품목의 위치에 높은 수익성과 선호도를 지닌 품목을 배치한다.

⑥ 식재료가 낮은 품목과 결합하여 세트메뉴를 개발한다.

⑦ 직접 노동요인 평가 : Plowhorses 품목의 판매를 위해 많은 노동력이 필요하다면 좀 더 노동력을 줄이는 방법을 모색하며 또한 노동력에 대한 보상이 이익을 줄이는 요인이 될 수 있다.

(3) Puzzle

① 선호도는 낮으나 수익성은 높다.

② 수익성이 크므로 수요를 늘리는 방안을 모색해야 한다.

③ 변화를 통한 관심을 유도한다. (눈에 띄는 곳에 재배치, 광고, Table 에 Tents Card, 입구에 메뉴판 설치)

④ 가격인하를 고려하여 선호도를 높인다.

⑤ 가치를 증가시킨다. (더 큰 사이즈, 장식물, 질 좋은 재료)

(4) Dogs

① 선호도도 낮고 수익성도 낮다.

② 가격을 인상한다. (어차피 선호도가 낮은 품목은 가격을 인상하면 좀 더 좋은 공헌이익이 될지도 모른다.)

③ 노동비가 많이 들고 장기저장이 어렵다. (메뉴 삭제 고려)

3) 메뉴 엔지니어링의 이해

(1) 공헌이익

메뉴 품목의 수익성은 품목의 판매로부터 창출되는 매출액과 매출 사이의 차액으로 결정된다. 이 차액을 공헌이익contribution margin이라 하며, 제품생산을 위한 직접비용 말고도 인건비나 총 경비 그리고 요구수익에 공헌한다.

(2) 메뉴믹스 구성비

각 품목의 판매 빈도에 관한 정보는 일정기간 동안 판매된 품목의 수를 기록함으로써 얻을 수 있다. 메뉴 엔지니어링 분석에서 각 메뉴 품목의 빈도는 각 품목별로 창출되는 매출액을 결정하여 공헌이익을 계산하기 위해 사용된다. 인기도는 각 품목의 판매로 인한 전 제품 속 판매량의 구성비로 나타낼 수 있고 그것을 메뉴믹스의 구성비라고 부른다.

인기가 높은 품목은 높은 메뉴믹스 구성비menu mix percent를 나타낸다. Star에 속하는 메뉴는 높은 공헌이익과 메뉴믹스 구성비를 가진다.

(3) 수익성과 인기도

품목별로 공헌이익과 메뉴믹스의 구성비는 각 품목의 수익성과 인기도

Defining profitability and popularity를 측정하기 위해 사용되지만, 문제는 다른 품목과 어떻게 높고 낮음을 비교할 것인지, 다른 품목과 비교해 볼 때 높고 낮음을 어떻게 평가할 것인가에 관한 것이다. 예를 들어 어떤 메뉴 품목이 10%의 메뉴믹스를 갖고 있다면 과연 인기가 높다고 판단할 것인가?

해답은 모든 다른 메뉴 아이템의 메뉴믹스 구성비와 메뉴상의 모든 품목의 수에 달려 있다. 만약 질문의 메뉴에 10개의 다른 품목이 있다면 인기가 높은 것으로 간주한다.

(4) 평균 공헌이익

각 메뉴 품목의 수익성 정도가 평균 공헌이익average contribution margin이며, 높은 공헌이익을 가진 메뉴 품목은 평균과 같거나 더 높은 이익을 가질 것이다.

공헌이익은 매출액에서 식료원가를 절감함으로써 계산될 수 있다.

- 공헌이익 = 메뉴 판매가격 – 식료원가
- 총 공헌이익 = 총 메뉴판매액 – 총 메뉴의 식료원가
- AMC = 총 공헌이익 / 총 판매된 품목 수

각 메뉴 품목의 선호도 정도를 측정하는 것을 선호도 인덱스라 부른다. 이 인덱스는 기대 선호도라는 개념을 기본으로 하여 각 메뉴 품목의 선호도는 같다고 가정한다. 다시 말해서 각 품목은 총 메뉴판매에서 똑같은 기대 선호도 100%를 전체 품목 수로 나눈다.

메뉴 엔지니어링은 한 품목의 판매량이 70% 이상 되면 그 인기가 높다고 가정한다.

예를 들어 4가지 품목들의 메뉴 중 한 품목이 전체 판매량의 17.5%라면

인기가 있다고 간주될 것이다(25% × 70% = 17.5%). 10가지 품목의 메뉴 중 한 품목의 판매량이 7%라면 인기 있는 것이다(10% × 70% = 7%). 이런 방법으로 각 품목의 어디에 분류될 것인지를 평가할 수 있으며, 그 결과는 메뉴를 개선하기 위해 사용된다.

4) 핵심메뉴 선정방법

식당의 간판 메뉴는 영업이 진행되는 과정에서 판매되는 메뉴의 수량과 점포의 이익공헌도를 분석해 가면서 설정해야 하며, 여름·겨울·가을 등 계절에 따라 메뉴 판매수량에 큰 변동이 있을 수 있으므로, 어느 정도의 시간이 경과한 뒤 매출상황을 분석하여 설정하는 것이 원칙이다.

(1) 핵심메뉴 육성법

① 식당의 모든 판촉방법을 간판 메뉴 중심으로 실시 : 식당에서 실시하는 판촉방법의 하나인 무료시식권 발행도 간판 메뉴 중심으로 실시하고, 포인트 카드시스템을 도입할 경우 간판 메뉴를 구입하면 2배수의 가산점을 부여한다든가, 일정한 기간 내에 간판 메뉴에 대한 집중적인 선전이나 대대적인 할인 판촉도 실시한다.

② 원가율보다는 맛과 양 중심으로 메뉴를 개선 : 맛을 개선하거나 서빙을 증가시킴으로써 원가가 상승하더라도 맛이 좋아지고 볼륨감이 있어 고객이 좋아한다면 그것으로 충분하며 간판 메뉴로 성장하면 판매수량 확대로 원가상승분은 얼마든지 커버할 수 있다.

③ 서빙용기나 숟가락 등도 특별한 것으로 선택하여 타 제품과의 차별화를 시도한다. 또 서빙용기의 고급화를 시도한다.

④ 상차리기(그릇에 담기) 등에도 특별한 배려가 필요 : 이 메뉴를 제공

195

받는 고객은 최상의 고급스러움, 볼륨감과 더불어 최고의 만족감을 얻을 수 있도록 해야 한다(귀족이 된 기분, 백만장자가 된 듯한 기분을 느끼게 한다면 더 말할 나위가 없을 것이다).

⑤ 서빙속도는 무조건 빨라야 함 : 주방을 충분히 정비하도록 훈련하여 간판 메뉴 주문이 들어오면 단시간 내에 즉시 제공되도록 한다. 간판 메뉴는 맛, 분위기, 서빙속도 등에서 고객의 감각을 최대한 만족시킬 수 있도록 설정되고 고도의 훈련을 거쳐야 육성될 수 있다.

(2) 핵심메뉴 성공효과

① 객석 회전율을 높임 : 간판 메뉴의 판매수량이 증가하면 이에 대한 충분한 사전준비를 함으로써 메뉴 조리시간이 단축되고 주문과 동시에 제공되는 서빙시스템을 갖추게 되어 객석회전율도 높아져 판매 극대화를 기할 수 있다.

② 주방의 조리작업과 원자재 정리작업이 쉽게 이루어져서 소수인원으로도 다량의 메뉴가 조리될 수 있다.

③ 원료수입 숫자가 줄어드는 대신 같은 종류를 대량 구매함으로써 대량구매(가격다운) 시 원가절감의 효과로 이어질 수 있다.

④ 소비자에게 안심을 선사 : 맛있다, 서빙이 빠르다, 신뢰할 수 있다는 느낌을 고객이 가질 수 있으므로 안심하고 이용할 수 있게 된다.

⑤ 점포의 지명도를 높인다.

⑥ 전문점 시대에 알맞은 메뉴 콘셉트 구성이 가능하다.

⑦ 간판 메뉴의 운영이 합리화되고 관리 시스템의 전산화가 잘 이루어지면 요일별·시간대별 간판 메뉴 설정도 가능하다. Fast food의 경우 시간대별 간판 메뉴를 앞세워 더욱 빠른 서빙을 할 수 있으며, 한식의 경우 중식시간대, 저녁시간대 및 평일과 주일의 간판 메뉴를

설정함으로써 매출의 극대화를 기대할 수 있다. 물론 이런 경우는 점포의 간판 메뉴 관리라기보다는 시간대별 핵심메뉴 관리라는 표현이 적절할 것으로 보인다.

5) 메뉴 분석방법

식당 레스토랑에서 메뉴 분석방법은 다양하다. 많은 사람들이 권하는 최선책은 고객에게 가장 인기 있으면서 가장 수익성이 높은 메뉴를 골라내는 분석방법이다. 그러나 업체별 메뉴의 성격이 다르고 주위 환경이 다수 요인의 영향을 크게 받기 때문에 동일한 분석방법을 적용하기가 쉽지는 않다.

(1) 메뉴 ABC 분석

일반적으로 패스트푸드 레스토랑에서 사용하는 방법으로 메뉴 아이템의 20%가 전체 아이템의 80%를 차지한다는 법칙을 적용한 방법이다. 이 방법은 메뉴부분만 분석하고 고객에게 인기 있는 메뉴가 무엇인지 찾아내고 그 인기를 유지하기 위해 사용된다.

(2) SWOT 분석

이 분석은 기업의 외부적인 위협요소와 기회요소 그리고 내부적인 강점과 약점을 분석하는 방법으로 모든 프랜차이즈형 외식업체에서 사용한다.

(3) 밀러의 분석

가장 낮은 원가 메뉴와 가장 높은 매출량의 메뉴들이 가장 좋은 영업성과를 가져온다는 접근방법으로 각 파트별로 메뉴를 구성하고 있는 전체

197

코스, 수프, 주요리, 샐러드, 후식으로 메뉴가 구성된 고급 레스토랑이나 패밀리레스토랑, 고급 한정식, 고급 일식당 등에서 사용된다.

(4) 메뉴 엔지니어링을 통한 수익성과 인기 메뉴 분석

메뉴 엔지니어링은 식당에서 판매하고 있는 메뉴 품목을 일정기간을 정하여 그 메뉴의 인기도와 수익성을 분석하는 방법이다. 전체 매출액에 대한 각 메뉴들의 상대적 비중을 나타내주기 때문에 일품요리를 전문으로 하는 레스토랑이나 단품메뉴들로 구성되어 있는 식당이나 패밀리레스토랑, 외식사업체 등에서 사용될 수 있다.

(5) 파베식의 분석

판매량에 따라 낮은 식재료 원가율과 높은 공헌 이익을 내는 메뉴가 가장 좋은 메뉴이다. 총수익과 식재료 비율을 고려한 방법이기 때문에 김밥전문점, 돈가스 전문점, 우동전문점, 피자전문점 등 단품메뉴를 취급하는 업체에서 이용된다.

(6) 메뉴 스코어링 분석

메뉴 가격의 변화, 인기도, 원가, 이익 공헌도 등이 판매에 미치는 영향을 측정하는 방법으로 불특정 다수를 고객으로 하는 역 주변의 외식업체들과 최고의 상권을 자랑하는 특급지역에서 영업하는 외식업체에서 이용된다.

(7) 헤이스와 허프만의 분석

순수익을 기준으로 메뉴에 대한 수익성을 분석하고 식재료 원가뿐만 아니라 고정비와 변동비를 고려하여 손익계산서를 만들어 순이익이 높은 메뉴에 기준을 둔다. 그렇기 때문에 뷔페레스토랑과 출장을 자주 가는 외식업체, 샐러드바를 중심으로 하는 업체에서 사용된다.

3. 메뉴의 역할

1) 최초의 판매수단이 된다

고객이 식당을 방문하여 처음 선택하는 것은 메뉴를 고르는 것이다. 여러 가지 중에서 자신에게 적합한 메뉴를 선택하며, 차림표에서 나타내는 메시지를 받아 선택행동을 하게 된다. 이처럼 메뉴는 고객과 직원 간에 상호작용하는 커뮤니케이션 수단으로 판매도구의 기능적 역할을 하게 된다. 또한 TV, 라디오, 신문, 잡지, 지하철, 구전 등 호기심을 자극할 뿐 아니라 재방문을 유도할 수 있다.

〈메뉴의 역할〉

• 식당의 콘셉트 표현	• 식재료 파악과 구매, 검수, 저장, 재고관리
• 식당의 요리 안내	• 메뉴에 맞는 서비스 절차와 제공방법
• 서비스인력에 따른 정보 제공	• 원가관리
• 주방 및 업소의 시설물을 결정	• 음식의 문화와 외식 트렌드 파악
• 접객서비스를 위한 기물 결정	• 점포의 수준과 역할 결정

2) 마케팅 도구가 된다

식당의 모든 경영은 메뉴에서 시작된다. 어떤 종류의 홍보보다 중요한 역할을 하며 핵심요소이다. 상품을 고객에게 전달하는 도구로서 기업에서 나타내는 품질에 확신을 심어줄 수 있다. 내부적으로는 메뉴상품이 어떤 것인가를 직원에게 알려주어 그에 맞는 역할을 수행하게 한다. 외부적으로는 판매 가능한 음식의 종류와 가격, 맛, 품질, 분위기 등 그 가치를 전달할 수 있다. 단순한 품목과 가격결정이 아니라 고객과 레스토랑을 연결하는 무언의 전달이자 촉진자이다. 따라서 개인 및 조직의 목표를 달성하기 위한 아이디어와 서비스 제공자로서 마케팅 도구가 된다.

3) 고객과의 약속이다

식당에서 음식을 주문할 때 눈으로 잘된 음식을 모두 확인하기는 어렵다. 고객은 음식을 직접 보는 대신에 메뉴판의 사진이나 종류, 가격을 보면서 자신의 기호에 맞게 선택하게 된다. 가상의 메뉴를 간접적으로 확인하면서 그 가치를 충족시킨다. 메뉴는 판매하는 가치를 보장해 주는 수단으로 고객과의 약속을 전재하며 신뢰를 담보한다.

4) 내부통제 수단이 된다

메뉴는 식당 경영의 모든 영역에 영향을 미친다. 고객에게는 콘셉트와 이미지를 전달하며, 경영관리 측면에서는 식·음료 구매를 위한 주문과 검수, 입고, 저장, 재고관리, 출고, 다듬기 등 전 과정의 원가관리와 가격정책의 연관성으로 통제수단이 된다.

〈메뉴요인〉

· 서비스방법과 형태 / 고객 수와 수용능력	· 식당의 콘셉트
· 좌석 회전율 / 객단가	· 주방의 면적과 장비, 설비시설 / 구매 및 저장
· 메뉴에 맞는 분위기와 시설	· 주방기물의 형태와 양 / 서비스시설과 영업시설
· 시장의 종류와 유형	
· 가격수준과 고객의 품격	· 식재료의 양과 품질 / 식재료 손질
· 직원교육과 훈련, 직무배치 / 인건비	· 식음료 원가관리 / 레이아웃 등

5) 메뉴 계획 시 고려사항

메뉴 계획은 제공하는 음식 종류에 따라 다르게 결정된다. 주방의 조리장 책임하에 이루어지지만 최고 경영자를 비롯하여 관리자, 종사원들의 의견을 반영해야 한다.

(1) 생리적 욕구

음식을 섭취하는 것은 사람이 살아가는 기본이다. 생리적 욕구 충족은 영양적인 면과 건강, 위생을 고려한 안전한 먹거리에서 시작된다. 주방의 조리사들은 기술과 작업인원, 작업조건, 조리기기, 설비 등에서 결정되며, 식재료에 대한 충분한 지식과 고객의 필요에서 시작된다.

(2) 심리적 욕구

메뉴 계획자는 식재료의 구입 가능성과 품질 특성, 활용성, 고객 반응성을 살펴야 한다. 재료의 합리성과 다양성, 즉시성은 원가절감에서 가능하다. 원하는 시기에 필요량을 구매할 수 있으며, 즉시 공급받을 수 있는 거래처를 통해 가격, 신선도, 위생, 청결의 안전한 관리를 의미한다. 고객의 정서를 고려하여 시각적인 색상, 미적인 심미성, 촉각의 부드러움, 청각의 소리, 후각적인 냄새까지 조화를 이루어 만족시킬 수 있다.

(3) 사회적 욕구

식당에서 제공하는 요리는 매개자로써의 역할을 한다. 개인적 욕구와 기호에 따라 다양하게 수용할 수 있으며, 그들의 평가를 충족시켜야 한다. 사회적 변화를 반영하며, 분위기를 고려한 트렌드는 가격, 디자인, 식기 종류, 인테리어, 음향, 소금 등에서 영향을 미친다.

메뉴 계획의 기본 원칙

- 같은 식재료로 2가지 이상 요리를 만들지 않는다.
- 같은 색의 요리를 반복적으로 사용하지 않는다.
- 비슷한 소스를 중복해서 사용하지 않는다.
- 같은 조리방법으로 두 가지 이상 같은 요리에 사용하지 않는다.
- 요리의 제공 순서는 경식(light dish)에서 중식(heavy dish)으로 균형을 맞춘다.
- 요리에 곁들여지는 식재료와의 배합, 배색에 유의한다.
- 계절적 식재료와 특산물의 성격을 고려하여 용도와 감각을 살려야 한다.
- 코스요리는 식재료의 특성을 고려하며 색상, 온도, 식기 적합성, 업종별 균형을 맞춘다.
- 메뉴를 구성할 때에는 영양적인 면을 고려하여 작성한다.
- 메뉴 표기문자는 요리 내용에 따라 각국의 고유문자를 사용하지만 나라명, 지방, 사람 이름 등 고유명사는 대문자로 표기한다.
- 식품위생을 고려하여 계획한다.

4. 예상매출액 산정

예상매출액은 식당 창업 진입 여부를 결정하는 중요한 요소이다. 또 목표 매출액을 산정하여 달성 가능한지 알아보는 과정으로 절대 소홀히 할 수 없는 과정이다. 예상매출액을 산정할 때는 반드시 실질적인 수치에 의한 분석이 이루어져야 한다.

식당 창업을 준비하면서 예비 창업자들이 가장 궁금해 하는 것이 예상 매출액과 예상수익이다. 예상매출액을 산정할 때 중요한 것은 실질적인 수치에 의한 수익성 분석이 이루어져야 한다는 점이다.

그러므로 소자본 점포창업을 고려 중인 예비 창업자이고 이미 창업 아이템이 결정되었다면 여러 가지 사업성 분석방법을 참고하여 자신에게 적절한 방법을 활용하기 바란다. 예상매출액은 상권의 차이, 상품구성을 위한 배후지 분석, 유동인구, 경쟁점포의 조사자료 등을 토대로 추정이 가능하다.

1) 예상매출액 계산법

(1) 경쟁점포의 방문 고객 수를 체크하여 산출

경쟁점포의 방문 고객 수를 체크하여 계산하는 방법으로 이는 경쟁점과 규모 및 취급상품이 비슷할 경우에 한하며 만약 비슷하지 않다면 합당한 비율을 감안하여야 한다.

> 월 예상매출액 = 내점객 수 × 월 영업일수 × 객단가 × 적절한 비율

(2) 식당 예상 고객 수로 산출

식당 내에 입점 예상되는 고객을 산출하여 객단가를 곱하는 방법이다. 원칙적으로 판매업에서는 월별·품목별 예상 고객 수를 추정하고 각 품목별 단가를 곱하여 산출하는데, 외식업의 경우는 점심과 저녁의 객단가를 차등 적용하는 것이 현실적이다.

> 월 예상매출액 = 예상 고객 수 × 객단가 × 30(일)
> (외식업의 경우 낮과 저녁시간의 객단가 차등적용)

(3) 손익분기점 분석에 의한 예상매출액 산출

월 지출비용의 총액을 계산한 후 희망 수익액을 산출하여 월 매출액을 추정한다.

월 예상매출액 = 매출원가 + 판매관리비 + 기타 비용 + 희망 수익액
(1일 기준으로 하여 30일 산정)

2) 식당 창업 시 예상매출 알아보기

식당, 외식업 창업을 할 때는 기존 운영 중인 점포를 인수하여 그 업종을 그대로 이어받아 영업하는 경우도 있고, 미리 아이템을 결정하고 기존 상가를 인수하여 업종을 바꾸거나 신축상가 등을 계약한 후 아이템을 결정해야 하는 경우도 있다. 이때 어떤 경우든 예상매출을 알아보는 것은 매우 중요한 일인데 객단가를 가지고 측정하는 방법과 테이블 단가로 측정하는 방법, 두 가지를 일반적으로 사용한다.

(1) 객단가로 예상매출 측정

객단가는 고객 한 사람이 식사하고 가는 평균 음식가격을 말하는데 업종이나 시간대에 따라 다를 수 있다. 영업 중인 외식업소를 인수하여 같은 업종으로 영업할 때는 기존의 주인이나 부동산 중개업자의 말만 믿을 수는 없으므로 객관적인 방법으로 출구 조사기법을 활용한다. 이때 주의할 점은 지역에 따라 주말 장사만 되는 경우도 있고 혹은 오피스타운처럼 주중, 그것도 일주일에 5일만 장사가 되는 경우도 있다는 것이다. 그렇기 때문에 반드시 그 지역의 특성을 고려해서 예상매출을 잡아야 한다.

(2) 테이블 단가로 예상매출 측정

기존 점포나 신축상가를 이용하여 아이템을 새롭게 설정할 경우 테이블 단가로 예상매출을 측정하며, 점포 내의 인테리어를 하면서 대략 테이블을 몇 개 놓을 것인지, 혹은 시설 전이라도 점포형태로 볼 때 주방 코너

를 빼고 테이블 수가 몇 개나 들어갈 것인지를 알아본다.

5. 사업계획서 작성

사업계획서를 작성하면서 가장 중점적으로 체크해야 할 포인트는 욕심만 앞서서 너무 무리한 계획을 세우지 말라는 것이다. 현실성이 부족해 실현 가능성을 적게 만드는 결과를 초래할 것이기 때문이다.

1) 사업계획서 작성 요령

사업계획서를 작성하기 전에 우선 중요한 체크포인트를 점검하고 나면 작성 요령을 익히고 나서 하나씩 작성해 나가는데, 식당을 계획하는 경영자가 가장 잘 알고 있으므로 간단명료하고 자신감 있게 표현하는 것이 좋다. 기술 관련이나 전문적인 용어의 기술을 가급적 피하고 일반인이 알기 쉽고 단순하면서도 보편적인 설명을 해 이해를 높이는 방법이 필요하다.

한편 자금 계획 면에서는 자체조달 가능한 자금과 예상 가능금액 등을 명확히 기술해야 신뢰성을 높일 수 있다. 특히 기재되는 수익률 등의 수치는 정확하고 타당성이 있어야 하고 경영자의 성실성이나 경험, 정열, 정직성 등이 함축되어 있는 것이 좋다.

이렇게 사전 준비가 끝나면 사업계획서 작성 목적에 따라 다음과 같은 순서에 의거하여 작성하면 된다.

① 기본적인 방향 설정
② 사업계획서 양식을 검토
③ 사업계획의 체계나 목차 설정

④ 관련 정보, 자료 수집

⑤ 현장 상황 체크 및 점검

⑥ 최종적으로 확정하고 작성

2) 잘 쓴 사업계획서의 특징

(1) 구체적인 사업계획서

식당을 창업하고자 하는 사업의 아이템과 경영진, 인력수급계획, 설비투자계획, 생산계획, 판매계획, 조직운영계획, 자금조달계획, 사업추진일정, 이익계획 등을 빠짐없이 기술해 통상적인 지식을 갖고 있는 업계 종사자는 누구나 그 내용을 머리에 그릴 수 있도록 작성하는 것이 좋다.

내용이 구체적이기 위해서는 기존에 나와 있는 정보를 충분히 수집하여 제시하는 것이 중요하며 기존 업계의 시장점유율이나 판세, 선행기술수준, 경영진의 프로필, 창업자금의 동원능력 등을 구체적으로 제시하는것이며, 특히 수치나 그래프로 보여줄 수 있다면 신뢰감을 높일 수 있으며 관련 증빙자료가 있다면 첨부한다.

그렇지만 계획서가 지나치게 방대한 자료로 길어지는 것은 바람직하지못하며 너무 긴 계획서는 오히려 전하고자 하는 핵심 내용을 놓칠 수 있고 작성자가 중요한 내용과 그렇지 못한 내용을 구분하지 못한다는 인상을 주기 쉽다.

(2) 현실적이며 비전이 있는 사업계획서

식당 운영이 시작되면 사업계획서대로 운영해도 손색이 없을 정도로현실에 맞게 설계되어야 한다.

사업계획서의 작성에 앞서 전문가를 통한 타당성 분석을 먼저 실시해 보는 것도 좋으며, 제3자로부터 평가를 받아 사업계획의 문제점을 좀 더 객관적으로 살펴볼 수 있고 사업계획을 한 단계 업그레이드하는 데에도 유리하기 때문이다.

(3) 논리적인 핵심 내용

사업계획서는 보는 사람으로 하여금 매력 있고 끌리도록 작성하여야 한다. 일목요연하게 한눈에 핵심이 들어오며 기획적인 관점에서 논리성과 디자인적인 관점에서 심미성이 고려되어야 하며, 읽는 사람에게 설득력을 불러일으키도록 해야 한다.

또한 계획 사업의 목적이나 목표 부분을 명확히 함으로써 계획의도가 빗나가지 않도록 일관되게 서술해 나가는 것이 중요하며, 이런 기획적인 콘텐츠를 디자인을 잘 활용하여 편집하는 것도 중요하다. 이때는 그림, 도표를 활용하되 색채, 비주얼 자료 등을 사용하면 매우 효과적이다.

(4) 사업 계획의 독창성

사업을 계획하였다면 경영자의 성공 마인드와 독특한 기술, 노하우가 깃들도록 작성해야 한다. 특히 대기업 등에서 할 수 없는 틈새 비즈니스라면 더욱 좋다. 사업의 독창성은 창업자의 이미지를 돋보이게 하고, 전문가적인 면모를 엿볼 수 있게 한다.

특히 사업에서 아이디어를 동반한 독창성이 없으면 만년 동종업계의 2인자로 전락할 수밖에 없다. 1등은 늘 새로운 아이디어와 독창성으로 변신을 추구하여 사업의 경쟁력을 높이기 때문에 사업을 해본 경험자나 투자자는 이 점을 매우 중요시한다. 따라서 독창성은 사업계획서의 키포인트라 할 수 있다.

(5) 공공의 이익이 목적

사업의 목적이 개인적인 이익만을 추구하는 것이 아니라 공공의 이익을 위한 것임을 보여주는 것도 필요하다. 뛰어난 아이템과 풍부한 자금에도 불구하고 실패하는 창업자들의 공통점은 개인적 이익에만 집착하거나 독단에 빠지는 것이기 때문이다. 종업원과 투자자 모두에게 신뢰감을 주고 이익의 일부는 사회에 환원할 수 있는 도덕적 이념이 필요하다.

6. 기초거래처 확보

1) 식재료 사입 관리

식당 창업을 위해서 질 좋은 식재료의 상품 사입 루트를 확보하는 것은 경영에 있어서 매우 중요한 부분이다. 사입을 잘하느냐 못하느냐가 매출에 직접적인 영향을 미치기 때문이다. 일반적으로 도소매·서비스업에서는 사입이라는 용어를 사용하기도 한다.

식당 운영에서 가장 좋은 방법은 필요할 때마다 적정 물량을 공급받는 것이며, 필요시 수시로 공급받을 수 있도록 세심하게 운영할 필요도 있다.

또한 입고된 상품이 잘 팔리면 현금이 들어오는 속도가 빨라 유동성이 높아지고 이익도 증가된다. 특히 소자본의 경영일수록 대부분 영세하므로 자금사정이 안 좋아 싸게 팔면 현금은 들어오지만 이익이 적어져 경우에 따라서는 손실이 발생할 수도 있다.

2) 양질의 거래처 확보

식당경영자가 적은 돈으로 효율적인 경영을 하기 위해서는 좋은 거래처 혹은 도매업자를 선별하는 것이 중요하다. 친절하면서 적절한 가격으로 식자재를 공급해 주는 곳이라면 일단 합격점을 줄 수 있다.

3) 양질의 거래처 선별

식당경영자가 양질의 상품 사입처를 찾는 것은 여간 어려운 일이 아니다. 또한 사입처를 찾더라도 제대로 된 상품을 골라내는 것은 상당히 어렵다.

우선 양질의 사입처를 찾는 방법 중 제일 쉬운 것은 계획 상품의 도매시장이나 도매업소를 직접 벤치마킹하는 것이다. 또 그 상품을 제조하는 회사나 관련 조합 등에 가서 상담하는 경우도 있는데 이때 유명회사, 조합, 도매시장 등은 전화번호부나 업계신문, 잡지, 상공회의소 등 유관단체를 통해 알아볼 수 있다.

4) 거래의 시작

대개의 경우 거래처는 여러 곳을 두는 것이 안전하다. 하나의 거래처에서 모든 취급상품이나 원재료를 조달 혹은 구입하는 것이 어렵기 때문이기도 하지만, 한 곳뿐일 경우 소자본 개업자 측이 불리한 조건으로 거래를 강요당할 우려가 크고 만일의 경우 대체할 필요가 있을 때 혹은 상품의 다양화가 필요할 때 문제가 될 수 있기 때문이다.

7. 오픈 준비

1) 인·허가 시 체크 사항과 절차

식당 창업을 준비하는 과정에서 사업 아이템이 결정되고 본격적으로 실행에 들어갈 때 빼놓을 수 없는 것이 각종 법령에서 규정하고 있는 인·허가 혹은 신고의 문제라고 할 수 있다.

인·허가 업종의 경우 사업개시 전에 반드시 사업 인·허가 내지는 신고를 해야 사업자등록을 할 수 있다.

그러므로 식당의 경우처럼 아이템이 인·허가 대상인지, 신고만 하면 되는 업종인지, 아니면 별도의 인·허가 내지는 신고절차가 필요 없이 일부 판매 업종처럼 사업자등록증만 내면 사업이 가능한지를 사전에 검토해서 해당 인·허가 절차를 완료한 후 사업을 개시하는 것이 정상적인 절차라 할 수 있다.

2) 인·허가 시 유의사항

사업 인·허가와 관련해서 가장 먼저 알아보아야 할 일은 식당 창업자가 사업을 위해 선택한 후보 입지에서 희망하는 업종으로 창업할 수 있느냐 하는 문제이다. 대개 점포 계약 시 중개업소 등을 통하는데 이런 허가 내용을 제대로 이해하고 고지해 주는 곳이 별로 없는 실정이다.

그리고 업종에 따라서는 인·허가 시 정화조 용량이나 소방법에 의한 시설기준에 적합해야 하는 경우가 있으므로, 특히 점포 등을 인수하거나 임차해 사업을 하는 경우에는 신중을 기해야 한다.

〈사업계획을 세울 때 체크해야 할 사항〉

가맹점 사업을 계획할 때	개인이 홀로 창업을 계획할 때
① 입지현황(경쟁점포 조사 및 현재 상태분석)	① 입지현황(경쟁점포 조사 및 현재 상태분석)
② 점포 권리분석 및 현황	② 점포 권리분석 및 현황
③ 유동인구 등 상권분석 내용	③ 유동인구 등 상권분석 내용
④ 창업자금 분석(가맹비, 내·외장 인테리어 비용, 냉·난방비용, 기타 물품구입비, 초도물품비, 권리금, 상가보증금 등)	④ 창업자금 분석(내·외장 인테리어 비용, 냉·난방비용, 기타 물품구입비, 초도물품비, 권리금, 상가보증금 등)
⑤ 사업성 검토(투자액 대비 수익성, 총투자비 회수 소요기간, 손익분기점 분석 등)	⑤ 사업성 검토(투자액 대비 수익성, 총 투자비 회수 소요기간, 손익분기점 분석 등)
⑥ 운영전략(인원, 영업, 물품수급, 광고, 홍보, 판촉전략 등)	⑥ 운영전략(인원, 영업, 물품수급, 광고, 홍보, 판촉전략 등)
⑦ 가맹본부와의 영업지원문제, 물품수급 관계, 공동행사 관계, 지역 상권보호문제 등)	⑦ 거래선 확보 계획
⑧ 가맹 후 분쟁 발생 시의 대책	⑧ 반품(재고) 처리 계획

8. 점장의 역할

외식점포에 있어서 점장이란 회사와 고객의 중간에서 구심점 역할을 하는 사람으로, 고객에게는 만족을 주고, 회사에는 이익을 주는 주요 역할을 하는 사람으로 볼 수 있다. 회사의 자산으로 점포를 잘 경영하여 회사에 이익을 주는 중간관리자로 볼 수 있으며, 점포에서는 최고관리자로 볼 수 있다.

1) 외식점포 점장의 필요 역량

외식점포에 있어서 점장의 직무 이행 시 필요한 역량은 목표작성 및 달성 능력, 주인의식, 고객지향적 마인드, QSC관리 능력, 수치관리 능력, 리더십, 마케팅 능력 등이라고 하겠다. 즉 외식점포를 운영하는 점장은 다 방면으로 관리능력이 우수한 훌륭한 경영인이 되어야 한다.

필요 역량	세부내용
목표작성 및 달성 능력	·점장이 생각하는 점포의 긍정적인 방향에 대한 목표를 설정하고 매년 경영의 목표를 작성하는 능력 ·목표달성이란 매출과 손익을 의미하며, 이를 달성하기 위한 기본지식과 역량, 의지 등을 의미한다.
주인의식	·회사의 대표자임에 대한 프라이드를 가짐 ·점포의 최고 의사결정권자이고 나아가 지역사회, 고객을 책임지는 사람임을 명심한다.
고객지향적 마인드	·고객의 필요를 파악하고 이를 활용하려는 능력 ·점포운영의 가장 기본인 고객위주의 사고능력 ·외식 관련하여 사회적 트렌드를 파악하는 능력
QSC관리 능력	·점포의 가장 기본이 QSC임을 명심하고 이를 실천·관리하는 능력 ·타 경쟁점 대비 우수한 QSC를 보유하고 차별화하는 능력
수치관리 능력	·경영의 기본인 매출과 이익, 비용에 대한 지식과 관리 능력 및 이익을 창출하는 의지와 능력 ·점포에서 운영되는 모든 수치적인 부분들을 분석하고 의사결정할 수 있는 능력
리더십	·강한 리더나 서번트 리더십을 구사하는 능력 ·격려와 질책, 코칭 등 색깔 있는 리더십을 구사하는 능력
마케팅 능력	·분석할 수 있는 능력 ·창의성이 뛰어남 ·시장, 상권, 경쟁자를 지속적으로 분석하고 대응하는 능력

2) 점장의 직무

점장은 점포의 책임자로서 점포의 QSC 및 고객만족도, 점포의 목표달성을 위한 매출과 비용관리, 직원교육 및 스킬 향상을 위한 교육, 직원의 채용과 임금, 점포의 기기, 기물, 자산의 유지 및 보수 관리에 대한 전반적인 책임을 진다.

점장의 직무 세부내용을 살펴보면 다음과 같다.

(1) QSC 관리

① 점포의 고객만족도에 대한 책임을 지고 고객의 소리, 고객만족도 조사 등 QSC 전반에 관해 체크하고 관리해야 한다.
② QSC 체크리스트를 활용하여 일별, 주별, 월별로 관리해 나가야 한다.
③ QSC에 대한 주간별, 월간별 계획을 수립하여 점포의 QSC 레벨을 상향으로 조정하도록 노력해야 한다.

(2) 인력관리

① 직원 채용 시 채용절차에 준하여 회사의 규정에 의거하여 선발해야 한다.
② 직원 채용 시 회사의 비전과 목표를 인지시키고 효과적인 업무를 수행하도록 지원해야 한다.
③ 직원 면담은 수시로 진행하고 필요시 진행하도록 한다.
④ 직원의 평가는 객관적인 자료를 토대로 진행하고, 목표달성에 불필요한 요인이 있을 경우 우수한 성과가 날 수 있도록 긍정적인 피드백을 제공한다.
⑤ 아르바이트 직원의 경우 객관적인 평가를 통해서 월별 임금조정을 하도록 할 수 있다.

(3) 매출관리

① 월별 Forecasting(매출, 고객 수, 객단가, 좌석회전율 등)을 하도록 한다.

② 일별 매출 확인을 하고, 당일의 예산매출, 예상매출을 확인하고, 예상된 매출에 의거하여 인력, 식자재가 준비되어 있는지 확인한다.

③ 주간별, 요일별 매출을 확인하고 당일의 영업계획을 수립하고, 주변 경쟁사와 고객의 반응 정도를 관찰하여 영업의 흐름을 파악한다.

④ 영업 후 매출실적을 분석하여 매출 상승 및 하락의 원인을 파악하고, 결과에 대해서 전략과 계획을 수립하도록 한다.

⑤ 고객층, 고객만족도, 메뉴분석, 객단가, 고객의 소리 등을 파악하여 변경 내지 수정할 부분들은 빠르게 보완하고 LSM 등을 기획하여 매출 증대방안을 마련하도록 한다.

⑥ 점장의 주요한 역량 중 하나인 마케팅 능력을 배양하여 매장 운영에 적극 반영하도록 한다.

⑦ 주간, 격주간, 월간으로 상권, 입지, 타 브랜드들을 조사하여 매장 운영 시 활용하고 포인트를 찾아내어 매장에 적극 반영하도록 한다.

(4) 식자재 원가 관리

① 일별로 매출 대비 식자재 원가 비율을 확인하고 관리한다.

② Forecasting 시 매출 추세를 고려하여 식자재 원가 사용금액, 비율 등의 가이드라인을 작성하고, 일별 재고기준, 발주금액 등을 주방 매니저들에게 전달, 지침을 제공한다.

③ 전일 발주량, 입고량을 확인하고 주방매니저와 상의하여 매출 대비 식자재 원가가 어느 정도인지 지속적으로 파악해야 한다.

④ 일별 메뉴 판매량을 파악하고 메뉴 Prep.양이 적정한지 점검하고 컨트롤하여 식자재의 로스양이 최소화되도록 관리해야 한다.

⑤ 주간별로 메뉴의 판매량, 실제 식자재 원가, 예상 식자재 원가의 차

이를 분석하고 일별 관리방안을 마련해 준다.

⑥ 식자재 원가 목표 대비 초과 시 원인을 분석하여 상승요인에 따른 대처방안을 마련한다.

⑦ 메뉴분석을 월간단위로 행하여 메뉴의 만족도, 흐름, 원가 등을 분석하여 대응방안을 마련한다.

(5) 인건비 관리

① 매월 적정 인력기준을 마련하여 인력 운영을 하도록 한다.

② 예상 매출 대비 일별, 주간별 근로시간을 파악하고, 그에 맞는 효율적인 근무 스케줄을 작성하도록 한다.

③ 일별, 주간별 매출 변동 추이에 따라 근무조, 근로시간 등을 탄력적으로 운영하도록 한다.

④ 직원들의 스킬 향상을 통하여 직원들의 생산성이 높아지도록 교육하고 훈련한다.

⑤ 추가적인 비용(수당, 복리후생비, 상여 등)에 대해서 명확히 파악하고 있어야 한다.

(6) 소모품, 기기, 시설관리

① 매장에서 사용되고 있는 모든 소모품에 관련해서는 예상 매출 대비 목표 금액을 주고 목표에 따른 관리가 이루어지도록 한다.

② 낭비되는 소모품이 없는지를 관찰하고 계획적으로 관리하며, 추가 비용 발생 시 원인을 파악하고 근본적인 대책을 마련하도록 한다.

③ 점포의 기기, 기물 등의 사용방법과 관리방법에 대해 알고 있어야 하며, 주기적으로 담당자들을 교육하여 유지비가 과다 발생되지 않도록 한다.

④ 예상매출 대비 경비 비율을 알고 그에 따른 집행이 이루어지도록 한다.

⑤ 점포에서 사용하는 소모품, 일회용품 사용을 최소화하고 로스양이 최소가 되도록 관리해야 한다.

제7장

식당경영 매출 증대 방안

1. 매출 증대의 필요성

현재 음식점은 매출 증대를 위해 여러 가지 활동을 한다. 손님의 내점을 촉진하는 활동으로 내점 시 '어서 오십시오'라는 목소리부터 음식제공에 이르기까지 일련의 영업활동 전부가 매출 증대 방안에 해당한다. 그러나 이런 발상은 결코 틀리지는 않지만 너무 막연해서 이해하기 어렵다. 그래서 여기서는 직접적으로 매출 촉진방안 활동의 예를 들어 설명하기로 하겠다.

1) 내점 촉진

손님에게 점포의 존재나 어떠한 점포인가라는 콘셉트를 알려서 내점을 촉진하는 활동을 말한다. 전단지나 광고를 만들거나 길거리에서 전단지를 나누어주는 등, 일상생활 속에서도 많이 받아들여지는 가장 적극적인 예이다.

2) 구매 촉진

실제로 내점해 오는 손님들에게 구매를 권유하는 작업이다. 판매권유의 말을 한다거나 매력적인 이벤트 상품을 도입하는 등 여러 가지 연구가 이루어져야 한다.

또한 계절 메뉴를 만들어 훌륭한 페스티벌을 기획했는데도 불구하고 그것을 전단지 등 밖으로 어필하지 않았기 때문에 실패해 버린 경우는, 내점촉진이 효과적으로 행하여지지 않았기 때문에 구매촉진을 실시하기 전에 이미 승부가 결정되어 버린다. 그러나 점포가 오픈했다고 대대적으

219

로 전단지를 돌렸는데 상품이 준비되어 있지 않았다거나 점포단계에서 손님에게 잘못 대응했기 때문에 손님을 화나게 한 경우는 내점촉진에만 주의를 너무 기울여 구매촉진이 이루어지지 않은 실패의 예이다.

2. 매출 증대 과정

1) 매출 증대 촉진 과정

매출 증대의 성공 여부는 기획을 얼마나 잘 하느냐에 달려 있다. 어떤 고객을 대상으로 하여 매출을 증대할 것인가? 목적은 무엇인가? 등을 확실하게 할 필요가 있다. 매출 증대를 성공시키기 위해 필요한 작업은 ① 매출 증대 기획, ② 종업원들에게 철저하게 주지, ③ 매출 증대를 위한 현장 단계에서의 준비, ④ 손님들에게 예고, ⑤ 매출 증대 실시, ⑥ 매출 증대 결과 집계와 Feedback 등이다.

2) 매출 증대 기획 세우는 법

식당이 성공적인 매출 증대를 위해 해야 할 가장 중요한 것은 '기획' 과정이다. 그래서 기획을 세울 시에 다음과 같은 포인트를 지켜야 한다.

① 기획의 명칭을 가장 먼저 붙인다.
② 기획은 반드시 명문화한다.
③ 기획을 확실히 주지시킨다.
④ 기획의 주지와 영업 콘셉트가 일치하는가를 확인한다.

⑤ 기획대상을 명확하게 한다.

⑥ 기획 실시 기간을 명확하게 설정한다.

⑦ 기획내용을 상세하게 결정한다.

⑧ 예산 계획을 정확하게 세운다.

3) 연간 매출 증대 계획

(1) 연간 매출 증대 계획의 필요성

① 장기간에 걸친 기획준비가 가능하다.

② 계절감 연출은 최대의 매출 증대 수단이다.

③ 고객에게 사전에 어필할 수 있는 효과를 준다.

④ 종업원의 구인이나 교육을 사전에 판단할 수 있다.

(2) 연간 매출 증대 계획 세우는 법

연간 기획에서 예상된 매출액의 3% 범위 내에서 예산을 세우는 것이 가장 이상적이며, 지역사회의 행사나 회사 예정까지 포함한 종합적인 스케줄 표를 만들면 좋다. 이러한 종합 스케줄 표에서부터 각각의 기획 상세를 설명하는 실시표를 작성하는 일련의 작업을 행할 때 비로소 매출 증대 기획이 이루어지고 있다고 할 수 있다.

4) 매출 증대에서 경쟁사에 대한 대책은 필요한가?

요리 상품을 개발할 때나 출점계획을 세울 때에는 당연히 경쟁업소라 생각되는 점포를 철저하게 연구하여, 차별화 수단을 생각해야 한다. 여기에는 지역단위에서 전개하고 있는 체인점이나 단독점포인 경우 당연히 주변 경쟁업소의 매출에도 신경 쓸 필요가 있다.

매출 경쟁도 중요하지만, 똑같은 기획을 똑같은 시기에 경쟁업소와 같이 시작하면 당연히 지역 손님들은 여러 개의 식당 중에서 선택하게 되므로 극적인 효과를 거두기가 어렵다.

그리고 시기를 비켜서 하더라도 똑같은 내용의 이벤트를 실시하면 매력은 반감된다. 연간계획을 세워서 손님에게 사전 어필할 필요가 있는 이유 중 하나가 바로 경쟁대책이다. 하나의 이벤트가 끝날 때 다음 이벤트를 예고하고 준비한다면 경쟁점포의 분발을 막을 수 있기 때문이다.

5) 목적별 매출 증대 실시 방안

① 보다 많은 새로운 고객을 맞이하도록 노력한다.
② 현재의 고객에게 더 많은 만족을 연출한다.
③ 방문 빈도를 높이는 연구를 한다.
④ 객단가를 높이는 연구를 한다.
⑤ 성수기 때 보다 많은 매출 증대를 위해 노력한다.
⑥ 비수기의 매출 저하를 연구한다.
⑦ 업종 등의 콘셉트 변화를 어필한다.

6) 고객관리

자신의 식당에 어떠한 고객들이 어떠한 이유로 이용하고 어떻게 평가받고 있는가를 아는 것은 보다 큰 매출 증대를 기획하는 데 필요하다. 뿐만 아니라 메뉴 제작의 방향성을 정하거나 신규 개장할 때 고객요구를 반영한 콘셉트를 만드는 데 필요하다. 우선 고객관리를 하는 본래의 목적은 DM 발송만을 위한 것이 아님을 꼭 알아주었으면 좋겠다.

(1) 고객 정보

고객관리의 처음은 손님에게 필요한 정보를 얻는 것부터 시작된다. 어렵기는 하지만 그 방법 중의 하나로 가장 일반적으로 사용되는 것이 앙케트 조사를 하는 법이며, 여기에는 판매촉진의 한 가지로 서비스권을 드리거나 추첨, 경품 등으로 손님에게 제공하는 등의 인센티브를 제공할 필요가 있다.

(2) 고객관리 정보 수집

기본정보
① 성명
② 주소, 전화번호
③ 생년월일
④ 성별
이상의 기본정보는 꼭 수집해야 할 기본 항목이다.

상세정보
⑤ 방문일시
⑥ 방문방법(자가용, 도보, 대중교통 등)
⑦ 근무처, 주소
⑧ 취미
⑨ 이용 후 소감
⑩ 점포에 바라는 점

(3) 정보의 관리와 분석 활용

힘들게 수집한 정보는 수집하는 것이 목적이 아니라 잘 관리하고 활용해야 한다. 많은 양의 정보를 한 번에 처리하려 하면 상당한 작업이 되므로 일정한 날을 정하여 정리해야 하며, 한 번 얻은 정보를 영원히 갖고 있는 것도 적절치 못하다. 이미 마음이 떠났거나 몇 년 동안 재방문이 없다면 비싼 비용을 들여 DM을 보내는 것은 시간과 돈을 동시에 낭비하는 일이다. 따라서 일단 고객 정보나 그 이후 이용 상황을 피드백하여 정리해 두는 것이 좋으며, 일반적인 패밀리레스토랑 점포의 경우 적어도 일년에 한 번도 이용하지 않은 손님은 과감히 정보에서 빼내는 편이 좋을 것이다. 그렇지 않으면 정보의 과중에 묻힐 가능성이 높기 때문이다. 고객 정보를 유용하게 활용할 때 비로소 정보로써 가치가 있다는 것을 명심해야겠다.

7) 상품 개발의 실제

번성하는 식당을 만들기 위해서는 무엇보다도 상품 자체의 힘이 있어야 한다. 이것 없이는 아무리 메뉴 전략을 잘 짜더라도 전혀 의미가 없어져 버린다. 상품 하나하나가 고객들에게 어느 정도 설득력이 있는가가 문제가 되고, 그 설득력이야말로 고객을 식당으로 끌어들이는 최대의 무기라고 할 수 있다.

1980년대 말 미국의 체인스토어 이론이 들어옴에 따라 기존 음식점에서 냉동식품이나 1, 2차 가공된 식재료만으로 상품을 구성한 레스토랑이 성행하였고, 1990년대부터 점포의 규모나 패션성에만 비중을 두어 냉동식품으로 모든 요리를 해온 카페나 선술집의 음식점들이 오늘날 소비자 생활수준에 이르게 되었다.

그러나 앞으로는 현재의 패밀리레스토랑이나 패스트푸드는 물론 카페나 캐주얼레스토랑도 자체 상품력이 없으면 고객으로부터 호응을 받지 못하게 될 것이다. 당연히 식당의 번성을 위한 정말로 설득력 있는 상품개발이 절실히 요구되는 시점이다.

(1) 식당의 상품개발 포인트

① 현재 식당의 고객층과 맞는 영업 콘셉트와 상품
② 판매할 수 있는 상품 중에 간판상품을 정하는 것
③ 식재료에 대해 공부하고 학습할 것(국산 or 수입산, 산지구분, 계절
　별 식재료생산품, 고기부위, 포장상태, 조미료, 향신료, 식재료 취급
　법, 상품 색깔구분법 등등)
④ 상품개발자와 주방의 긴밀한 협조 필요
⑤ 눈에 띄는 독창성 있는 상품을 개발

(2) 매출 부진 극복 전략

매출 부진을 극복하려면 철저한 원인 분석과 냉정한 판단이 필요하다.

① 메뉴와 가격의 재구성
② 서비스 만족의 재구성
③ 고객을 모을 수 없는 입지라면 빨리 포기
④ 차별화된 음식점 만들기
⑤ 지역의 명소 만들기
⑥ 독창성 있는 특별한 점포

8) 식당 매장을 넓고 여유 있게 만드는 연출방법

① 집기의 높이를 낮은 것으로 한다.
② 천장이나 벽면을 밝게 한다.
③ 벽면에 장식을 많이 하지 않는다.
④ 업장 안의 통로를 넓게 한다.
⑤ 거울을 이용하여 넓게 보이게 한다.

3. 홍보 판촉 전략

처음 식당을 개업할 때 고객들에게 어떤 이미지를 심어주느냐가 매우 중요하다. 첫 이미지가 좋고 손님이 많으면 성공의 길로 들어서게 되는 것이다. 점포 인테리어 공사도 완료하고 주방기기 설치 및 종업원 채용, 원자재 입고 및 제반 인·허가 사항 등이 차질 없이 완료되면 개점하게 된다. 이때 점포개점을 알리기 위해서 어떤 형태로든지 홍보 판촉활동이 필요하게 된다.

홍보 판촉은 점포의 위치, 대도시와 중소도시, 교외점포와 시가지점포, 체인점포와 개인점포, 점포의 규모 차이에 따라 신규 고객을 확보할 수 있거나 점포 이미지를 개점 초기부터 고객에게 강하게 심어줄 수 있는 전략을 세워야 한다.

대부분 개점하는 경영주들은 준비도 안 된 상태에서 오픈 준비에만 신경을 쓸 뿐 주방 직원은 물건이 어디에 있는지조차 모르고, 홀 직원은 컵을 어떻게 정리하는지 모르는 등 전혀 준비가 되지 않은 상태에서 고객을 맞이한다면 좋은 서비스를 기대하기가 어렵다.

업종과 업태, 규모에 따라 다르지만 최소 3일에서 한 달 정도는 주방 직원 간, 홀 직원 간의 또는 주방과 홀 직원 간의 커뮤니케이션이 원활하게 이루어지도록 교육을 한 후에 개점해야 한다. 그리고 나서 신나는 음악, 재미있는 캐릭터 인형들의 멘트, 그리고 현수막, 풍선 등으로 잔칫집과 같은 축제분위기를 이끌어내야 한다. 실제로 이벤트를 하는 것과 하지 않는 것의 홍보효과와 매출의 차이는 엄청나다. 일반적인 개업일 매출과 이벤트 했을 때를 비교해 보면 이벤트의 경우, 그 비용만큼 추가 매출이 발생하는 것이 대부분이다. 눈앞에 보이는 돈 계산만 하지 말고, 투자한 만큼 돌아온다는 논리를 기억하자.

오픈하는 개점 초기의 판촉내용을 보면 거의 대동소이하다. 예를 들면 전단지를 제작해 직접 배포하거나 신문 등에 끼워 배부하는 방법, 약간 규모가 큰 점포의 경우 직접 조사한 고객 데이터를 이용하거나 DM을 보내는 방법, 무료시식권, 무료음료권 배포, 현수막 설치, 점포 주변의 깃발 설치 등이 고작이다. 그리고 이 판촉업무는 개점 초기 1회성에 그치는 것이 대부분이다.

그러나 최근에는 아주 차별적인 마케팅을 실시하지 않으면 고객을 유인하기 어렵다. 외식관련 서적이나 잡지를 구독하여 보면 새로운 아이디어를 창출할 수 있으며, 비슷한 점포나 소위 말하는 대박집 등의 메뉴와 운영방법을 벤치마킹benchmarking한다면 보다 번성하는 식당을 운영할 수 있을 것이다.

1) 식당 판촉의 특성

식당은 다른 산업과 구별되는 몇 가지 특성이 있는데 첫째, 고객이 경험하지 않았던 메뉴는 선택하지 않으려는 특성이 있기 때문에 판촉의 어려움이 있다는 것이다. 즉 다양한 방법으로 고객이 경험하는 것이 마케팅의 첫 번째 관문인 것이다.

둘째, 대부분의 식당들은 영업실적이 부진해지기 시작할 때 판촉을 실시하는데, 아무리 강력한 판촉을 실시해도 매출이 계속 떨어질 가능성이 높다.

셋째, 판촉은 영업이 활성화되고 있는 시점에서 더욱더 매출을 증대시키기 위한 수단으로 활용되어야 하고 영업이 잘될 때 이벤트, 메뉴개발 등을 최대로 활용하여 매출을 끌어올리는 방법으로 활용되어야 한다. 판촉방법, 효과, 실시할 경우의 문제점, 고객의 반응 등을 자세히 파악하여 실시해야 한다.

넷째, 판촉은 필요한 비용이 발생한다. 돈을 투자하여 매출을 증대시키려는 목적은 당연하나, 너무 조급하게 그 효과에 얽매여서는 안 된다고 인식하는 것이 바람직하다.

다섯째, 판촉은 연간, 분기별, 월별로 일정한 프로그램에 의해 계획적으로 진행되어야 한다. 개점 초기에 전단지나 무료시식권을 배포하고 고객이 줄서서 오기만을 기다리는 자세는 바람직하지 않다.

여섯째, 판촉은 불특정 다수 고객을 타깃으로 하기보다는 점포 콘셉트에 적합한 타깃을 설정하고 그 타깃에 맞는 판촉을 실시하는 것이 효과적이다. 창업 판촉은 타깃 고객에게 30% 또는 40%씩 할인가격으로 판매하여 유인한 후 음식의 맛이나 서비스, 분위기로 만족시켜야 한다.

2) Area 마케팅의 중요성

식당에서 상품의 판매는 식당이라는 지정된 장소에서 발생하기 때문에 Area 마케팅은 소비자들이 상품을 구매하러 올 수 있는 지역을 대상으로 하는 마케팅을 말한다. 에어리어 마케팅은 지역 간 특성을 고려하여 그에 적합한 판매 전략을 수립하므로 지역대응 마케팅 또는 지역 상권개발 마케팅이라고도 한다.

Area란 단순히 지리적 의미가 아니라 사람들의 생활공간을 의미하는 표현이다. 그것은 지역문화권 또는 지역 사람들의 생활권을 가리키는 것이다. Area 마케팅은 상품판매에 있어서 전국에 걸친 획일적인 전략이 아니고, 지역의 특성을 파악하여 그 지역에 맞는 차별전략을 전개하는 것이 특징이다. 지역적 특성이란 주민들의 생활방식의 차이, 유통조건의 차이, 경쟁조건의 차이, 경영조건의 차이를 뜻한다.

기존의 획일적 마케팅 대신에 Area를 중시하는 마케팅이 새롭게 요구되고 있는 배경은 다음과 같다.

① 소비자의 의식과 행동 자체가 개성화·다양화되고 있으므로 대량 시장의 접근방법에는 한계가 있다.
② 지역별 특성과 역사적·문화적 차이가 농후하게 존재한다.
③ 시장의 점유율 증대를 위해서는 전체 시장에 대한 일률적인 접근보다는 한층 더 지역에 밀착된 세밀한 마케팅이 요구된다.

기업의 환경변화에 따른 지역대응 전략으로서의 Area 마케팅은 각 지역별 환경변화에 영향을 받는다. 이러한 지역 환경변화의 요인에는 도시의 발달에 따른 인구이동, 핵가족에 의한 세대 수의 증가, 새로운 욕구 출현, 여성의 경쟁적 지위 변화, 라이프스타일의 변화 등이 있으며 마케팅에 영향을 주는 제반 환경 변화의 내용이 있다.

4. POP(Point Of Purchase)의 활용

식당 고객의 구매심리를 자극하는 것도 예전과는 다르게 고객이 업장에 들어옴과 동시에 시선을 집중시키고 그를 통해 판매로 이끄는 방법으로 효과적인 도구인 POP의 중요도가 높아지고 있다.

판촉은 같은 업종이라도 얼마나 많은 사람에게 알리느냐가 중요하며, 특정업장을 내점하는 순간부터 주문·계산에 이르기까지의 과정에 있어 구매에 가장 큰 영향을 미치는 시점이 바로 주문 직전이다.

이처럼 주문 직전 고객의 심리를 자극해 주문으로 연결시키는 것이 POP의 가장 큰 역할이자 목적으로 이 한순간을 위해 수많은 판매기법이 동원된다.

POP의 최대 장점은 비용대비 고효율성에 있다. TV나 신문광고, 매체홍보 등은 많은 예산이 소요되는 데 비해, POP는 저렴한 가격으로 최대의 효과를 누릴 수 있고, 구매시점을 집중 자극함으로써 실시간 매출을 증대해 비교적 단기간에 원하는 결과를 얻을 수 있으며, 종사원에 의한 것이 아니라 고객 자신에 의해 주문을 이끌어내는 것이다.

POP를 통한 추가 매출 발생은 전체 매출액의 상승을 가져오고, 매출액이 적은 디저트나 음료는 POP를 통해 객단가를 끌어올릴 수 있다. 메뉴판에 적힌 기본 메뉴 외에도 '스페셜메뉴', '특선메뉴' 등 별도의 세트메뉴를 POP로 제작해 테이블 위에 텐트 메뉴로 게시할 경우 이를 주문할 확률이 높아진다.

POP 제작 시 점포 콘셉트 및 전통색상, 업체 특성과의 조화를 최대한 살릴 때 광고효과를 더욱 높일 수 있다. 하지만 POP의 경우 점포 콘셉트나 메뉴와 관련성이 적으면 부정적인 효과를 가져올 수도 있으니 주의해

야 한다. POP의 종류로 외식업체에서 가장 많이 활용하는 것은 매장 벽면
에 부착하는 포스터, 테이블 위의 플레이스 매트와 테이블 텐트 등이다.

1) 플레이스 매트

식당에서 고객 테이블 위에 고객당 한 장씩 깔아주는 플레이스 매트는
비용대비 고효율성으로 잘 알려져 있다. 메뉴가 많은 업장의 경우 스페셜
메뉴를 삽입해 메뉴선택을 돕는 용도로 많이 쓰이며, 메뉴 프로모션 진행
시에도 이를 활용해 해당 메뉴의 주문을 유도할 수 있다. 최근에는 특정
업체와의 제휴 마케팅이 활발해짐에 따라 플레이스 매트를 통해 제휴업
체의 홍보를 겸하는 사례도 증가하는 추세이다.

하지만 플레이스 매트는 매번 교체해 주어야 하는 특성상 한꺼번에 많
은 양을 주문해야 하며, 자칫 오자나 탈자가 발생할 경우 전량을 폐기하
고 다시 제작해 원가 상승을 초래할 수 있으므로 이 부분에 있어 특히 신
중을 기해야 한다.

2) 테이블 텐트

테이블 텐트는 모양과 디자인으로 고객의 시선을 한번쯤 집중시키는
효과가 있으며, 플레이스 매트와 함께 테이블 POP의 대표적인 형태이다.

삼각형 구조의 텐트형은 바닥에 닿는 면을 제외한 두 개의 면에 인쇄물
을 삽입할 수 있는 반면, 캘린더형은 여러 장의 인쇄물을 말 그대로 캘린
더 형태로 묶어서 제작해 여러 가지 정보를 한꺼번에 전달할 수 있다는
장점을 지닌다. 이때 프로모션 등 가장 강조하고자 하는 내용을 전면에,
점포 콘셉트나 메뉴가격, 매장안내 등 세부사항은 후면에 배치하는 것이
가장 기본이다.

231

1.3m 효과란?

'후발진입자(後發進入者)' 즉 남보다 늦게 개점·창업을 하는 경우는 가능하면 기존의 동일 식당보다는 넓고 깨끗한 점포를 확보하여 승부를 거는 것이 효과적이다.

왜냐하면 이미 기존의 경쟁점이 있는 만큼 경쟁에서 승리하기 위해서는 더 넓고 큰 규모의 점포를 꾸밈으로써 새로운 점포라는 이미지를 심어줌과 동시에 경쟁점의 단골손님도 자신의 점포로 유도할 수 있기 때문이다. 더욱이 최근에는 점포의 규모가 점차 대형화(전문화)되는 추세에 있어 경쟁점포보다 건물규모나 내부시설이 작게 되면 경쟁에서 결코 이길 수 없게 되기 때문이다.

경쟁점포보다 규모의 면에서 차별화하기 위해서는 흔히 1.3대 1이라고 하는 심리학에서 말하는 차별화 숫자를 적용하면 된다. 즉 1.3이라는 것은 심리학에서 차이를 명확히 설명할 때 사용하는 숫자로 1m와 1.3m의 차이는 분명히 구별된다는 데에서 출발하고 있다. 따라서 점포의 면적에 있어서도 가로와 세로를 1.3배씩 하게 되면 1.3×1.3 = 1.69m가 되어 약 1.7배가 되는데, 이 경우 고객은 압도적으로 해당 점포의 규모(넓이)가 크다는 느낌을 가지게 된다.

예를 들어 경쟁점포가 100평이라면 170평을, 200평이라면 340평의 매장을 마련하면, 경쟁점포와의 경쟁에서 반드시 승리할 수 있을 것이다.

제8장

식당경영 포인트

1. 고객만족

1) 고객만족의 정의와 개념

고객만족CS : Customer Satisfaction은 고객의 성취반응이므로 정해진 수준 이상으로 고객의 기대를 충족하는 것을 의미한다. 품질은 인지되지만 만족은 보통 경험되는 것이므로 고객의 감정적 과정에 의해 강하게 영향을 받는다. 만족은 이렇게 정해진 주관적인 기대수준에 의해 좌우되므로 객관적으로 낮은 혹은 높은 품질로도 개인의 기대에 따라 만족을 얻거나 얻지 못하는 경우가 생긴다.

따라서 고객만족이란 고객의 기대와 욕구에 최대한 부응한 결과 제품과 서비스의 재구입이 이루어지고 아울러 고객의 신뢰감이 연속되는 상태를 가리킨다.

고객만족에 대한 정의는 고객만족을 바라보는 관점에 따라 고객만족을 결과로 보는 입장과 고객만족을 과정으로 보는 입장으로 나눌 수 있다. 결과로 보는 입장은 소비자가 소비를 통해 경험한 결과적인 입장에서 만족 여부를 평가하는 것을 말한다. 이런 관점에서 고객만족을 다음과 같이 정의하고 있다.

하워드와 쉐스Howard & Sheth, 1979는 "고객만족이 치른 대가에 대해 적절하게 혹은 부적절하게 보상을 받았다고 느끼는 인지적 상태"라 하였으며 올리버Oliver는 "불일치된 기대로 인한 감정이 고객의 구매경험 전 감정과 결합될 때 발생하는 종합적인 심리적 상태"라 하였다.

결국 결과의 면에서 고객만족은 소비자가 소비한 결과를 갖게 되는 감정적인 만족과 불만족의 판단으로 볼 수 있고 과정 면에서는 소비과정 중 나타나는 소비자의 인지적 평가에 의한 만족, 불만족의 결정으로 볼 수 있다.

고객만족을 바라보는 두 가지의 입장 중 과정의 입장을 선호하는 것으로 나타나고 있다. 이는 과정으로 보는 입장이 소비자가 느끼는 전체적 소비경험을 다룸으로써 소비의 각 단계에서 중요한 역할을 하는 요소들을 개별적으로 측정하여 과정을 확인시켜 줄 수 있고 고객만족을 형성하는 지각적, 평가적, 심리적 과정에 대한 모든 검토를 가능하게 하기 때문이라고 하였다.

2) 고객만족 측정방법

(1) 기대-불일치 패러다임

전통적 기대-불일치 패러다임에 의하면 소비자들은 제품 성과에 대한 기대에 의하여 만족 여부의 결정을 내리며, 기대는 예측되는 제품성과에 대한 소비자들의 전망을 예측하기 때문에 예측적 기대의 성격을 갖고 평가기준의 역할을 한다. 이러한 기대와 제품성과를 비교하였을 때 제품성과가 기대를 상회하면 긍정적 불일치가 발생하므로 만족의 증가가 예상되고, 반대로 제품성과가 기대에 못 미치게 되어 부정적 불일치가 야기되며 불만족의 증가가 예측되기 때문에 고객만족에 직접적인 영향을 미치는 요인은 불일치라고 하는 주장이다.

(2) 공정성 이론

공정성 이론은 개인들이 자신들의 산출·투입 비율을 자신과 관련된 사람들의 비율과 비교한다고 가설화하는 사회적 교환이론의 중심개념이다. 즉 사회적 교환의 상황에서 두 사람은 서로 상대의 이익과 자산의 그것을 비교하게 되며 이러한 비교를 통하여 서로 이익이 일치될 때 공평성이 존재하며 일치하지 않을 경우 불공평성을 만들어내게 된다는 것이다. 고객만족의 연구에서는 거래에서 개별적으로 드는 비용과 기대되는 대가의 관계에 기초하여 설명되고 있다.

(3) 비교기준이론

소비자들의 기대는 여러 원천에 의해 만들어지지만 무엇보다도 소비자들은 자신의 경험이 기대를 형성하는 데 가장 중요하다는 주장으로 비교기준에는 사전적 경험, 제조업자나 광고나 소매상들의 촉진 노력 등에 의하여 형성된 상황적 기대, 준거의 대상이 되는 다른 소비자들의 경험 등이 있으며 이는 고객으로 하여금 기대를 형성한다고 주장하는 이론이다.

(4) 가치-지각 불균형이론

기대-불일치 패러다임에 대한 또 다른 대안적 이론으로는 가치-지각 불균형이론이 있다. 이 이론은 기대-불일치 모델이 인지적 개념과 평가적 개념을 구분하지 못한다고 지적한다. 제품에 대한 기대는 제품에 대하여 요구되는 가치와 차이가 있다고 보는 것이다. 그 예로 제품의 고장이나 제품의 기능이 적절하지 못할 때 제품에 대한 기대와는 관련 없이 불만족이 야기될 수 있다. 이처럼 가치와 기대가 분리되어 있을 때 기대보다는 가치가 만족을 더 잘 설명한다고 보는 것이다. 즉 이 이론은 제품에 대한 지각상태와 고객의 당위 기준 사이에 불일치가 크면 클수록 불만족은 커지고 이 불균형이 작을수록 만족은 커지는 것이라 설명하고 있다.

(5) 규범이론

기존의 기대-불일치 패러다임은 초점 상표에 대한 소비자의 경험에 한

정되는 반면 수정된 기대-불일치 패러다임은 다른 상표에 대한 경험도 포함하여 광범위한 경험도 동시에 고려하게 된다.

2. 고객의 불평처리

식당에서 접객 서비스를 아무리 완벽하게 하려 해도 고객으로부터 불평은 있기 마련이다. 왜냐하면 인간은 완벽할 수가 없으며, 주관적인 사고를 갖고 있으므로 모든 고객의 욕구가 똑같을 수 없기 때문이다. 따라서 고객으로부터 지적이나 불평이 발생했을 경우 항상 긍정적인 자세로 고객의 입장에 서서 정확한 원인을 파악하여 불평에 대한 해결방안을 강구하여 고객에게 호감을 줄 수 있는 만족한 조치가 이루어지도록 신속하게 처리해야 한다.

그래야만 회사의 이미지를 향상시키고, 신뢰감을 더 높이며, 고객으로 하여금 재방문하게 하거나 고정고객으로 유치할 수 있게 될 것이다.

1) 고객 불평처리 요령

① 고객의 불쾌한 감정이 확대되지 않도록 신속히 응대하며, 성실한 태도로 경청하는 인상을 주도록 한다.
② 고객의 불평을 들을 때는 참을성 있게 듣도록 하며, 예의바른 자세를 갖추는 것을 잠시도 잊어서는 안 된다.
③ 불평사항 또는 지적사항을 메모하는 태도를 보여준다.
④ 경청하는 동안 원인을 파악·분석한다.
⑤ 불평내용 중 일부가 오해 또는 고객의 착각에서 오는 부당한 것이라

고 생각되더라도 말 중간에 변명하거나 고객의 잘못을 지적해서는
안 된다.

⑥ 절대로 고객의 불평을 회피하려 해서는 안 되며, 과소평가나 성급하
게 해결하려는 인상을 주어서는 안 된다.

⑦ 무조건 잘못을 시인하거나 잘못이 없다고 주장해서는 안 되며, 고객
이 요구하는 바가 무엇인지 신속하게 판단하여 가급적이면 고객의
뜻에 따른다.

⑧ 다른 고객이 옆자리에 있다는 것을 인식하고 고객의 언성이 격해지
지 않도록 최대한 노력하여 해결한다.

⑨ 본인이 해결하기 힘든 사항일 경우 신속히 지배인 또는 상급자에게
사실을 보고하고 조치하도록 한다.

⑩ 고객의 불평은 적극적으로 수용하고, 가능한 한 빨리 시정내용을 고
객에게 알려드려 불쾌한 감정을 해소시켜 드린다.

⑪ 항상 개인적인 감정 및 입장에 치우쳐서는 안 되며, 회사를 대표한
다는 공적인 입장에서 판단해야 한다.

⑫ 같은 실수 및 불평이 또다시 발생하지 않도록 개선되어야 할 문제점
을 기록·유지하여 종사원의 접객 서비스 향상에 뒷받침될 수 있도
록 한다.

⑬ 고객이 서서 이야기할 때는 좌석에 착석시켜 마음을 가라앉힌다.

⑭ 불평을 해소하기 위해서는 사람·장소·시간을 바꾸어 해소한다.

⑮ 항상 고객의 입장에 서서 해결하도록 노력한다.

2) 고객 불평처리 4단계

(1) 1단계 : 듣기(불쾌한 감정·불만 등을 전부 듣고 고객의 흥분을 진정시킨다.)

① 처음부터 끝까지 전부 듣는다.

② 반드시 메모한다.

③ 선입관을 버리고 전부 듣는다.

④ 절대로 피하지 않는다.

(2) 2단계 : 원인분석(여러 가지 복합원인을 분석하고 주원인과 부수원인으로 구분하여 대책을 검토한다.)

① 고객 불평의 원인을 상품, 종사원, 기타의 3분류로 나눠 분석한다.

② 실제로 원인은 복합형태로 일어나며, 그중에서도 접객원에 기인하는 경우가 많다.

(3) 3단계 : 해결책의 검토

① 신속한 응대

② 처리결과에 따라 회사의 이미지가 좌우됨을 중시

③ 잘못을 시정할 것을 신중하고 예의바르게 알림

④ 책임의 한계를 명확히 할 것

⑤ 다른 고객에게 피해가 없도록 작은 소리로 할 것

(4) 4단계 : 결과의 보고와 검토

3) 고객 불평처리 시 유의사항

① 고객에게 동조해 가면서 긍정적으로 듣는다.

② 고객에게 논의하거나 변명하는 것은 피한다.

③ 고객의 입장에서 성심성의껏 처리하도록 한다.

④ 감정적 표현, 감정의 노출을 피하고 일보 후퇴하여 냉정하게 검토
한다.

⑤ 솔직하게 사과한다.

⑥ 설명은 사실중심으로 명확하게 한다.

⑦ 신속하게 일처리를 한다.

⑧ 적극적인 자세로 임한다.

〈고객의 불평처리 절차 및 내용〉

절 차	내 용
사과한다.	· 장소를 옮기고 고객을 자리에 앉힌다. · 상황을 판단하여 혼자 해결하기 힘들 때는 상사에게 인계한다.
경청한다.	· 고객입장에서 말을 끝까지 듣는다. · 감정을 드러내지 않고 불평을 거역하지 않는다. (논쟁은 금물) · 문제점을 메모하고 쿠션언어를 사용하며 다시 사과를 한다. (예 : 대단히 죄송합니다. 얼마나 언짢으셨습니까?)
사실을 확인하여 문제점을 파악한다.	· 고객의 잘못을 말하지 않으며 고객의 관점으로 바꾸어 재검토한다. · 자기의 의견이나 평가는 넣지 않는다. · 객관적으로 사실을 파악한 후 전례를 찾아 비교해 본다.
대안을 찾는다.	· 고객의 요구사항을 파악하고 회사의 정책 / 방침과의 적합여부를 검토하여 신속히 결정한다. · 과소평가나 성급하게 해결하려는 인상을 주어서는 안 된다.
대안을 고객에게 시하고 동의를 구한다.	· 쉬운 말로 설명한다. · 고객의 반응을 살핀다.

절 차	내 용
즉각 처리한다.	· 현장에서 본인이 처리할 수 있는 것은 즉시 시행하고 처리 불가능한 것은 부서장에게 보고한다. · 고객이 기다리고 계시는 경우, 처리과정에 대해 보고를 드린다.
결과를 확인한다.	· 고객의 만족도를 확인하고 끝까지 책임을 진다(Follow-up). · 다시 반복하지 않도록 노력한다. · 다른 종사원들과 불평 발생 사실 및 처리결과를 공유한다.
사례 연구(Case Study)	· 보고서(Report)를 작성한다. · 사례 교육 시 활용하며 적극적인 서비스 개선에 활용한다.

고객 불평처리 금기사항

• 고객의 말씀을 경청할 때 절대 미소 짓거나 웃지 않는다.
• 고객을 기다리게 하거나 서 있게 하지 않는다.
• 대수롭지 않게 생각하거나 장난으로 생각하지 않는다.
• 고객 불평의 대소를 가리지 않는다.
• 책임을 전가하지 않고 목소리를 높이지 않는다.
• 말을 가로막지 않고 끝까지 경청한다.

3. 객단가 강화 전략

1) 식사 이외에 음료와 주류 판매를 활성화

객단가를 올리기 가장 쉬운 방법은 식사 이외에 음료, 술, 안주를 주문받는 것이다. 따라서 메인 요리의 가격을 인상하는 것만으로는 객단가를 올리기가 쉽지 않다. 가격을 인상하지 않고도 객단가를 올리려면, 손님들이 많은 요리를 주문하도록 유도해야 하는데, 식사 메뉴만으로는 한계가 있는 것이다.

2) 2모작 판매 전략

객단가를 상승시키는 방법인 '2모작 판매 전략'은 점심과 저녁시간을 다른 음식점 분위기로 바꾸어 손님들의 다양한 이용 동기를 충족시킬 수 있는 판매방법을 시도하는 것이다. 점심시간대와 저녁시간의 메뉴나 판매 방법을 명확히 구분하여 내부 인테리어와 서비스 방법, 종업원들의 유니폼, 조명, 기타 장식품 몇 개만으로도 식당의 분위기를 충분히 다르게 연출할 수 있다.

3) 특별한 날 이용

식당의 매출에는 대략 흐름이라는 것이 있는데, 매월, 매해 거의 같은 경향을 보이기 때문에 그것을 '계절 변동성'이라고 부른다. 송년회 시즌인 12월에는 매출이 상승하지만 해마다 2월이나 8월이 되면 매출이 떨어지고 학생들의 방학이 있는 달은 매출이 상승하는 등 월별로 차이가 난다.

그렇다면 장사가 잘 되지 않는 달인 경우 이에 대한 대책 마련이 시급해지는데 그리 쉬운 일만은 아니다. 오히려 호조를 보이는 달의 매출을 더욱 올리는 편이 더 현실적이고 효과적일 수 있다.

4) 여성 고객을 움직이자

식당의 성공 열쇠는 여성 고객을 얼마나 끌어들일 수 있느냐에 달려 있다. 그러기 위해서는 여성 고객들에게 맞는 센스, 청결, 그리고 집처럼 편안한 서비스와 분위기를 느낄 수 있게 해야 한다. 또한 서비스는 누구에게나 공평하게, 그리고 원하는 것을 적절한 시기에 제공해 주는 세심함이 필요하다.

5) 배달·포장 판매

2000년대 들어 음식점에 생긴 큰 변화는 포장판매의 비율이 급격히 늘어났다는 것이며, 예전에는 일부의 음식점에서만 시행하던 포장판매가 이제는 문화로 정착되면서 모든 업종에 적용되고 있다. 매출을 올리기 위해 고객의 수를 증가시키는 방법이 있기는 하지만 예전과는 달리 치열한 경쟁상황에서 고객을 증가시킨다는 것이 어렵고 특히 배달은 상권 내 잠재고객을 끌어낼 수 있는 장점이 있으나 배달판매를 위해서는 그 장점과 단점을 신중하게 검토해야 한다.

6) 단체손님 유치

식당의 크기와 테이블에 상관없이 주부들이나 각종 모임, 소규모, 대규모 단체, 사무실 등의 단체손님 유치에 강한 점포는 아무리 불경기라 해도, 또한 과잉경쟁에 처해 있다고 해도 반드시 성공하게 되어 있다.

7) 음료쿠폰, 디저트 무료

소비자 경기가 위축되고 가격지향이 높아지면서 쿠폰을 사용하는 점포가 늘고 있다. 오피스텔에서도 피자가 배달되면 포장상자에 인쇄된 쿠폰을 모으는 모습을 흔히 볼 수 있다.

최근에는 할인쿠폰을 책자로 만들어 배포하거나 사이버 공간에서 만날 수 있는 쿠폰 전문 사이트가 나오고 있다.

이와 같은 쿠폰의 활성화는 소비자의 알뜰 구매심리와 매출 증대를 위한 기업의 노력이 어우러진 결과이다. 소비자는 합리적인 소비를, 업체들은 쿠폰을 통한 광고효과와 매출 증대를 얻을 수 있는 장점이 있다.

8) BOGO 마케팅

물건을 하나 사면 하나를 덤으로 끼워주는 보고BOGO : Buy One Get One 마케팅이 인기다. 경기가 어려워져서 무료사은품을 덧붙인 '하나 더' 등의 과감한 프로모션으로 고객몰이에 나서야 한다. BOGO 마케팅은 소비자의 구매 욕구를 촉진시키면서 동시에 저렴한 비용으로 제품홍보도 하는 1석 2조의 마케팅 전략이라고 할 수 있다.

이탈리아 전문식당인 '이탈리아니스'는 한 달 동안 스파게티 1개 값에 2사람이 먹을 수 있는 파격적인 가격할인 행사를 실시해 고객 수가 25% 증가하는 등 뚜렷한 성장세를 보였었다. 매출액도 개점 이후 최고치로 오르는 등 상승곡선을 그려 행사를 연장 실시하며, '던킨도너츠'도 커피메뉴 홍보와 내점객 수를 늘리기 위해 직영점에서 커피를 주문한 고객에게 도넛을 1개 더 주는 전략을 취하여 커피메뉴 홍보와 함께 매출 10% 상승 효과를 보았다.

이 밖에 갈빗집 등에서 고기를 먹으면 냉면이나 소면 또는 된장찌개를 덤으로 주는 전략이나 일부 레스토랑에서 시간을 정해 놓고 몇 시 이후에 생맥주 한 잔을 주문하면 2잔을 주는 투포원 행사를 실시해 실효를 거두고 있다.

4. 장기 경영계획 작성

음식점을 오픈하고 열심히 노력하여 번성점으로 이끌어서 성공하더라도 이것은 어디까지나 순간적인 번성임과 현재의 번성이 결코 영원히 지속되리란 보장이 없다는 것 또한 항상 염두에 두어야 한다.

　　그러기 위해서는 항상 장기전망을 세워 번성이 가능한 한 오래가도록 식당의 콘셉트를 수정하면서 때로는 대폭적인 사업전환을 꾀하면서 건전하게 이윤을 충분히 확보해 나가는 것이 바로 식당경영이다.

　　순간적인 짧은 번성만이 식당의 경영이 아니라는 것을 모든 경영자는 충분히 인식해 둘 필요가 있으며 이렇게 번성을 유지시켜야만 식당을 계속 경영할 수 있기에 결국 장기 경영계획이 필요한 것이다.

1) 장기 경영계획의 발상

일반적인 음식업자들은 크게 3가지로 구분할 수 있다.

① 점포의 매출과 인건비 정도는 알고 있지만 식자재 원가 및 기타 제경비 등을 정확히 파악하지 못해 매월 손익이 어떻게 됐는지 알지 못하는 타입

② 매월 손익을 정확하게 파악하여 고객 수, 객단가도 알고 있으며, 나름대로 현장에서의 코스트, 인건비 관리도 정확하게 할 수 있고, 메뉴도 식당의 ABC분석을 바탕으로 수정하여 그 나름대로 상황을 파악하고는 있지만, 앞을 내다보지 못하고 흐름에 맡기는 타입(남들이 하니까 나도 같이 따라가는 형)

③ 자신의 생활방식을 명확하게 확립하여 10년 후, 20년 후의 회사 비전을 확립하고, 이 목표달성을 위해 현재 자신의 성적을 비교하며 항상 궤도 수정을 하여 도전해 가는 타입(목표달성형)

대부분의 식당경영자들은 이 세 가지 타입 중 어느 하나에는 속한다. 그중에서도 세 번째인 목표달성형은 극히 적다. 아무리 열심인 식당경영

자라도 두 번째의 형편대로 나가는 형 정도이고, 대부분의 경영자는 첫 번째 형태라고 해도 과언이 아니다.

공부를 조금 하면 계수 관리에 몰두하게 되고, 원료비율에 연연하여 그 중에는 매일매일의 전기, 가스미터 기록을 체크하여 수도광열비에 몰두하게 된다. 결국 직원들에게 휘말려 일손이 부족하게 되고 무엇을 위하여 음식점 경영을 하는지 모르겠다고 한탄한다. 경영자는 목숨만큼이나 중요한 자신의 부동산을 비롯해, 전 재산을 투입하여 그 점포의 경영에 몸을 맡기고 있기 때문에 매달 손익에 따라 웃기도 하고 울기도 하므로 다른 것을 생각할 여유가 없다. 때문에 매일매일 승부를 위해 긴장하며 일할 수 있는 것이다.

그러나 종업원들은 급료만 받을 수 있으면 된다고 생각하고 매월 손익 따위는 전혀 관계가 없다. 즉, 불성실한 근무태도와 약간 싫거나 고충이 있으면 바로 그만둔다고 생각하게 된다. 적어도 간부사원 정도는 경영자에 가까운 사고와 행동을 할 수 있는 상태여야 하며 '협력하여 회사가 목표를 달성했을 때는 여러분들에게 인센티브(급료, 권한)를 줄 수 있다'라고 늘 자신감과 비전을 명확하게 제시해 주는 것이 필요하다.

다음으로 경영자의 꿈이 달성되었을 때 간부에게는, 점장에게는, 일반 사원들에게는 어떠한 일의 내용으로 어느 정도의 수입으로, 어떤 생활을 하게 해줄 수 있는가를 명확하게 한다. 그리고 이러한 사항을 매일매일, 경영자가 직접 사원들에게 열심히 이야기해 주는 것이 회사를 활성화시켜 식당의 번성을 지속시키는 요인이 되는 것이다.

이렇게 생각하면 이 장기비전의 확립이야말로 식당 기업을 발전시키고 번성시키는 커다란 근본임을 쉽게 이해할 수 있을 것이며, 장기 경영계획은 경영자 자신을 위해서만이 아니라, 여기서 일하는 간부, 정사원, 계약직, 비정규직에게도 필요하다는 것을 이해할 수 있을 것이다.

2) 장기 경영계획 작성법

식당의 장기 경영계획은 어느 정도의 스피드로 진행시킬 것인지 또한 누가 담당하고 점장이나 주방은 누가 책임을 맡을 것인지가 중요 항목으로 나타날 것이다.

여기에 식당의 장기 경영계획은 7개 항목에 대해 그 내용을 명확하게 해나가는 것이 일반적인 식당 장기 경영계획이다.

① 장기 경영계획의 의의
② 10년 후 우리 식당의 모습
③ 출점·확대에 관한 견해
④ 중기 경영계획의 계획
⑤ 매출계획, 이익계획
⑥ 직원, 조직계획
⑦ 재무계획

경영자는 장기 경영계획이 왜 필요한가를 경영자 자신과 직원들에게 명확하게 설명하는 것이 필요하며, 경영자를 중심으로 두세 명의 본부 스태프만이 장기 경영계획을 작성하거나 책으로 만들어 사내에 발표하기만 하는 것은 단순히 그림에 그려진 꽃병에 지나지 않는다. 전 사원이 관심을 나타내고 이해할 때 비로소 이 장기 경영계획을 작성하는 의미가 있다는 것을 알릴 필요가 있다.

(1) 장기 계획의 내용

① 무엇을 목표로 하는가?

② 지역, 업종으로 보아 최상인가?

③ 경영자가 현재 운영하고 있는 식당은 목표로 하는 방향으로 제대로 가고 있는가?

④ 매출, 점포 수, 종업원 수 대비 이익을 분명히 하고 있는가?

⑤ 현재의 식당이 어느 정도의 본부와 현장 레벨에 도전하고 있는가?

⑥ 경영자 자신이 무엇을 실현하고 있는지 말할 수 있는가?

⑦ 종업원에게 무엇을 줄 수 있을지에 대해 자료를 충분히 제시하고 있는가?

3) 중기 경영계획의 개요

식당경영의 중기 경영계획을 우선 10년으로 분할하면, 전기 4년, 중기 3년, 후기 3년의 세 가지 기간으로 분할한다. 여기에서 결코 '작년이 이러했기 때문에 올해는 이 정도일 것이고, 내년에는 이 정도일 것이다'라는 추측으로 만들어서는 안 되며 '우리 회사는 이렇게 되고 싶다.' '이런 일을 하고 싶다.' '이런 식당을 만들고 싶다.'라고 그 소망을 도표화하여 말로 표현하고 이들의 실현 목표로 어떤 식으로 행동할 것인가를 정해 가는 것, 이것이 바로 장기 경영계획이다.

그러나 10년 후의 꿈 같은 이야기만으로는 일반사원을 설득하기 쉽지 않은 것이 사실이다. 그러나 3~4년 후의 일이라면 이것은 충분히 설득력이 있다. 중기로 분할하는 것은 하나의 흐름에 항목을 붙여 체크하고 수정을 가하여 다음으로 이어지게 하기 위해서도 상당히 중요하다.

중기 경영계획으로부터 기간 내의 경영계획을 작성해 가면서 경영계획은 작년 실적을 되돌아보고, 그 실적만을 의지하여 작성해서는 안 된다. 중·장기 경영계획과의 적합성을 추구하면서 만들어낼 때, 비로소 설득력 있고, 보다 효율적이고, 실속 있는 경영계획을 작성할 수가 있다.

4) 매출계획, 이익계획

매년의 매출액, 이익이 정해지면 다음으로 그 내용을 결정해 나간다. 즉 원료비, 인건비, 경비, 비용 등 4가지 항목의 매출액을 정하면 당연히 각각의 액수가 자동적으로 정해진다.

인건비는 비율을 내리지 않는 상태에서 매출을 늘려, 인건비의 절대 액을 많이 확보하여 1인당 인건비를 높여가는 방침을 취하기 때문에 비율은 아무리 영업을 합리화하여 좋아지더라도 그대로 두게 된다.

10년간 계수를 생각하는 데 있어서, 처음연도에서 최종연도까지 10년간, 적어도 식재료비나 이익률이 좋아지지 않는다는 것은 장기 경영계획을 작성하는 의미가 없으며, 결코 10년 후 이렇게 되고 싶다는 꿈을 실현할 수가 없다. 장기 경영계획은 해를 거듭할수록 계수의 내용이 서서히 좋아지고, 또한 좋아지도록 노력하기 위한 지름길이기 때문에 이 점을 충분히 유의하여 경영계획을 수립해야 한다.

5) 종업원 계획

조직을 구성하는 한 사람 한 사람이 가장 흥미를 나타내는 것은 자신이 하는 일의 내용과 수입이다. 그들이 일할 의욕을 일으켜 일치단결하는 데 장기적인 비전이 중요하기는 하나 구체적으로 몇 년 후에 어떻게 될까를 명시해야 한다.

식당에서 조직도는 현재조직, 중기조직, 최종조직 등의 3조직으로 나누기는 하나 장기 경영계획을 작성하는 데 있어서는 반드시 조직도를 정확하게 작성해야 한다.

또한 요즘은 정규직원보다는 비정규직, 파트타임 아르바이트를 고용하는 데 이를 잘 활용하면 인건비나 급여 측면에서 절약할 수 있지만, 서비스 측면이나 인원 관리 측면에서는 손해를 볼 수 있으며 장기 경영계획을 바탕으로 조직도를 만들고 종업원 계획을 세워서 이 범위 속에서 점포를 운영해 가며 이익을 극대화하는 것이 최선의 방법이고, 종업원들도 자신이 어느 지위와 어느 정도의 수입을 얻을 수 있을까를 명확하게 알 수 있기 때문에 식당의 활성화가 용이해진다.

6) 재무·투자계획

장기 경영계획의 마지막 단계인 재무·투자계획이야말로 장기 경영계획 본래의 사명으로, 이것을 잘못하면 식당 전체의 돌이킬 수 없는 큰 손해를 가져올 수도 있다.

식당이나 개인마다 출점이 다르겠지만 부족분을 매년 은행에서 차입한다면 특히 점포 수를 늘릴수록 그 식당의 담보력이 없어지므로, 은행으로부터의 차입이 어려워진다. 장기 경영계획의 궁극적인 문제는 자본정책이다.

자금을 어디서부터 끌어들일 것인가? 우선 자사의 현금, 다음으로 증자, 타인자본 도입 등을 생각할 수 있는데, 타인자본을 대폭 늘릴 경우 잘못하면 다른 사람에게 경영권이 넘어가게 된다. 이러한 것까지 각오하고 타인자본을 도입할 것인가? 많은 점포를 운영해 가는 경우 점포 구입방법에 따른 담보력이 있는 경우와 점포 구입 시의 담보력이 없는 경우 그 상태로의 가치가 차이나는 것이 있어 매우 어려운 부분이다. 여하튼 항상 유리한 조건으로 점포를 출점시키고, 유리한 조건으로 은행에서 융자를 받고자 하는 노력을 경영자는 게을리해서는 안 된다.

그리고 항상 인간관계를 양호하게 유지하고 경영자로서 장기 경영계획을 실시해 나가는 데 있어 가장 유리한 상황하에 회사가 놓이도록 노력해야 한다.

또한 이들 항목 외에 상품정책, 인사정책을 더욱 상세하게 세우면 장기 경영계획은 완벽하다고 할 수 있다.

경영자가 잘 세운 장기 경영계획이 예정대로 실행되느냐에 따라 그 가치가 정해지며 이를 위해서 프로젝트 팀을 구성하여 현장에서 전 사원이 참가한다면 격조 높고 꿈이 있는 계획, 전 사원이 관심을 가지고 기쁜 마음으로 참여해 주는 그런 장기 계획이야말로 진정 가치 있는 경영이며 계획이라 할 수 있겠다.

 소비자의 상권이용 형태

① 소비자는 대형 지향성이다. 동일업종이 나란히 여러 개 있으면 대형 점포를 선택하게 된다.
② 평탄하거나 아래쪽을 선호한다. 고객은 충동구매를 많이 한다. 눈높이에 맞아야 한다.
③ 심리에 민감하다. 자동문이나 회전문, 점포를 가리는 나무는 좋아하지 않는다. 또한 전면 길이가 긴 점포를 선호하고 안쪽으로 길쭉한 점포는 상대적으로 선호도가 낮다. 도로변에 면한 길이와 점포 안쪽으로의 길이는 3 : 2 정도의 비율이 좋다.
④ 고객은 비역류성이다. 비번화가 지역에서 번화가 지역으로 이동한다. 즉 구로동에서 강남으로 이동하지만, 강남에서 구로동으로는 이동하지 않는다.
⑤ 고객은 동질성이다. 점포에 같은 부류가 오는 것을 좋아한다. 타깃을 명확히 정해야 한다. 아파트는 대형 50평 이상보다는 30평형대 이하 지역의 소비성향이 1.2배 정도 높다. 특히 아파트 상가는 소형 아파트일 때 장사가 더 잘되는 경향이 있다.

제9장

식당경영 지식정보 시스템

1. POS(Point Of Sales) 시스템

1) POS 시스템의 정의 및 개념

(1) POS 시스템의 정의

POS는 'Point Of Sales'의 약자로 '판매시점 정보관리'를 의미한다. POS 시스템이란 매장에서 발생하는 판매시점의 모든 정보를 실시간으로 수집·처리하여 각 부문별 정보를 종합분석하고 평가할 수 있도록 도와주는 소프트웨어와 하드웨어를 말한다. 판매시점 정보관리 시스템을 지칭할 때 크게 2가지의 개념이 사용되고 있다.

① POS 시스템은 판매시점 정보관리 시스템으로 무슨 상품이 언제, 어디에서, 얼마나 팔렸는지를 파악할 수 있도록 상품이 판매되는 시점에서 판매정보를 수집하여 관리하는 시스템이다. 이 경우 매입시점 정보관리, 발주시점 정보관리, 배송시점 정보관리와 같은 수준으로 판매시점의 정보만을 관리하는 것을 의미한다.
② 넓은 의미의 POS 시스템은 점포 자동화를 실현시키는 소매업 경영의 종합정보 시스템으로 인식되고 있다. 이 경우 판매 정보만이 아니라 매입, 발주, 배송, 재고 등 소매업체에서 발생하는 모든 정보를 종합적으로 관리하는 것을 의미한다.

(2) POS 시스템의 개념

POS 시스템을 구성하는 기기에는 자동 판독장치인 스캐너scanner와 포스 터미널POS terminal, 점포 통제기Store controller의 3가지가 있다. 포스 터미널에 접속되어 있는 스캐너는 상품 포장이나 라벨이 인쇄되어 있는 바코

255

드bar code를 읽어서 숫자로 풀이하는 기능을 한다. 포스 터미널은 점포의 컴퓨터 단말기로 금전 등록, 영수증 발행, 신용카드의 자동판독, 그리고 감사 테이프 작성 등의 기능을 수행한다. 점포 통제기는 매장에 설치된 여러 대의 포스 터미널을 통제하여, 각종 경영정보의 수집과 함께 여러 보고서를 발행한다.

(3) POS 시스템의 편리성과 종류

기존 POS 시스템이 도입되기 전에는 주문서와 계산기로 집계한 장부 기장을 통해 하루 업무 마감이 가능했다. 그러나 POS 시스템 도입을 통해 하루 업무를 마감하기도 전에 실시간으로 집계가 가능하게 되었다.

또한, 다양한 매출분석을 통해 정확한 수요예측과 각종 상품 및 자재의 입출고 내역도 파악할 수 있게 되었을 뿐 아니라, 계산시간 단축과 영수증 발행시간이 단축되는 등 그 효과는 실로 크다고 평가되고 있다.

POS 시스템은 업종별 적용방식에 따라 종류가 다양하다.

일반적으로 슈퍼마켓이나 대형 할인매장 등에서 사용하는 유통 POS 시스템과 외식업에서 사용하는 주문 POS 시스템이 있다. 또한 주문과 배달을 동시에 처리하는 배달 전문시스템인 배달 POS 시스템 등도 최근에 빠르게 확산되고 있다.

(4) POS 시스템 이용 시 좋은 점

① 재고의 삭감화

현재 잘 팔리고 있거나 구매력이 떨어지는 상품을 바로 알 수 있는 장점과 매장을 방문하는 고객들이 원하는 상품을 조사·분석·파악할 수 있는 효과적인 기능을 할 수 있다.

다시 말하면 상품에 바로 반영되어 그것을 토대로 하는 매입, 재고관리,

진열이라고 하는 사이클로 이어지기 때문에 재고의 삭감을 가능하게 할
수 있다. 즉 재고삭감은 바로 자금의 효율을 좋게 한다. POS의 도입 효과
로서 재고삭감은 대략 20%라고 알려져 있다. 이 내부자료의 취득방법을
조직적·자동적으로 추진하는 시스템을 어떻게 구축하느냐에 따라 식당
의 수익에 영양을 받는다.

② 크레디트화

크레디트화의 물결은 우리들의 생활 속에서 큰 비중을 차지하고 있으
며 앞으로 더욱 전진할 것으로 생각된다. 특히 판매시점에 있어서의 신용
체크에 의한 불량고객의 배제, 고객별 크레디트 매출분석에 의한 판촉효
과의 측정, 마케팅에의 활용 등 정보비용은 비약적으로 많아지게 된다.

③ 사무실의 사무자동화에 따른 시간절약

POS 시스템의 기능은 현장으로부터 직접 자료를 입력하기 때문에 시
간이 절약되고, 전표를 찾고 꺼내는 등 핸들링 타임을 없애서 컴퓨터 처
리에 맡겨버리는 데 있다. 이런 처리로 인원이 감축되기 때문에 POS의 도
입 시 채산성이 생기게 된다.

2) POS 시스템의 특징

POS란 경영에 관한 정보관리 시스템으로 판매장에 컴퓨터와 연결된
소스 단말기를 설치하여 판매의 사무처리를 비롯하여 시장조사, 재고조
사, 판매시점관리 등의 유통경제를 종합적으로 관리할 수 있도록 한 컴퓨
터 시스템이다.

종전의 금전등록기가 고객의 매출금액을 현장에서 빠르고 정확하게 계
산하는 것이 주된 역할이었다고 한다면, 현재의 POS 시스템은 매입 및 매

출 정보를 수집하고, 이를 활용하여 각종 상품정보와 회계정보를 신속하게 조회·관리할 수 있는 시스템이다.

POS 시스템은 상품에 부착된 바코드 라벨을 판독할 수 있는 스캐너와 회원 및 신용카드를 조회할 수 있는 카드리더 기능을 갖추고 있어서 고객관리는 물론 카운터에서 필요한 모든 기능을 쉽게 확장할 수 있다.

POS 시스템은 첫째, 금전등록기의 역할을 하는 POS 단말기terminal, 둘째, 발생된 데이터를 메인 서버에 전달하는 통신부문의 미들웨어 네트워크middleware network, 셋째, 전달된 데이터를 수집·보관·집계·분석하는 메인 서버main server 등 3가지 구성요소로 되어 있다. 이러한 기능 및 구성요소들은 매장의 규모 및 용도에 따라 상기의 3요소가 POS 단말기에 집약될 수도 있다. POS 단말기란 종전의 금전등록기, 온라인 단말기와 PC의 기능을 복합한 것으로 기존의 금전등록기 기능과 매출 발생 데이터를 보관하며, 모든 데이터를 메인 서버에 송·수신하는 기능을 갖추어 매출 정보와 상품정보를 필요시 즉시 조회할 수 있는 전용기기이다.

(1) POS 시스템의 특징

① 온라인 시스템 : 영업장에서의 각종 거래 발생과 동시에 데이터를 서버에 입력하고 필요한 정보를 즉시 수록

② 실시간 시스템 : 필요한 모든 데이터를 판매시점에서 실시간으로 파악하여 활용 가능

③ 집중관리 시스템 : 여러 대의 POS 단말기를 운용하는 경우, 매장 POS 단말기의 가동상태와 에러 및 정산 상황 등을 메인 서버에서 집중 관리 가능

④ 거래 정보 수집 : 현금, 신용카드, 후불, 취소 및 할인 등의 거래 내용에 관한 모든 정보 및 상품별 정보 파악이 가능

⑤ 자동판독 : 상품정보를 코드화해 상품의 포장이나 용기 및 가격표에
　표시한 코드를 스캐너로 자동 판독하는 기능

⑥ 고객관리 : 고객별로 구입액과 구입상품을 ID카드와 신용카드를 통
　하여 파악할 수 있으며, 고객정보의 수집이 가능

3) POS 시스템의 기대효과

식당의 회계업무를 개선하고, 매출관리 및 정산업무를 간편하고 신속
하게 처리할 수 있으며, 불량고객을 즉시 판별하여 불량매출을 사전에 방
지하고, 다양한 고객정보 기능을 갖추고 있으므로 고객 서비스를 개선할
수 있다. 판매 시점마다 전표를 작성할 필요가 없으므로 고객이 계산대에
서 기다리는 시간을 줄여주며, 상품정보 및 영업정보의 활용에 따른 매출
극대화와 신속한 상품정보 분석으로 고객요구 변화를 빠르게 수용할 수
있다. 본·지점 체제 구축을 지원하므로 통합 정보관리가 용이하며, 무전
표 시스템을 구축한다. POS 시스템의 기대효과로는 영업장 부문, 고객 부
문, 유통 부문 및 경영·관리 부문 등에서 다양하고 광범위하게 효과 및
효율성을 높일 수 있다.

(1) 영업장 부문

① 신속·정확한 판매계산과 정산시간 단축

② 불량고객 및 카드의 신속한 조회

③ 각종 전표 및 영수증 자동 발행

④ 인기상품 품절의 최소화

⑤ 신속한 체크아웃 처리

⑥ 경리직원의 교육 및 업무처리 시간 단축

⑦ 수작업에 의한 오류 방지

⑧ 가격변동에 대한 효율적 대처

(2) 고객 부문

① 계산을 위한 대기시간 단축

② 메뉴가 명기된 영수증으로 신뢰성 향상

③ 고품질 및 신선한 상품의 구매기회 확대

④ 신용관리 기능으로 고객만족도 향상

⑤ 다양한 고객에게 편의 제공

(3) 경영·관리 부문

① 영업장의 경영 효율화

② 적정 판매가격 설정이 용이

③ 판매주기 및 기간 활용의 적절성

④ 현금관리 및 현금보유액 수시 파악 가능

⑤ 인원의 효율적 관리

⑥ 고객의 구매동향 파악 용이

⑦ 적정재고 유지에 의한 재고관리비용 절감

⑧ 판매정보, 통계, 발주, 재고관리 업무의 효율적 개선

⑨ 신속한 업무분석 및 현황 파악으로 경영수지 개선

⑩ 대외 경쟁력 제고

⑪ 재고 자동파악 가능

⑫ 효율적인 고객관리와 매장관리

⑬ 판매 실적에 따른 전략수립 가능

(4) 물류 부문

① 부착된 바코드를 이용하여 가격표 부착 작업 불필요

② 효율적인 물류 및 재료 수급과 관리체제 확보

③ 다양한 상품 구색 및 관리용이

④ 신상품 도입평가 용이

⑤ 적정 재고로 상품 손실 최소화

⑥ 신속 · 정확한 발주로 소량, 다품종, 다빈도 주문 가능

⑦ 상품인기도 및 이익기여도에 따른 구매 및 판매의 효율화

(5) 거래처 부문

① 매입수량 및 납품가격 통제용이

② 인기 아이템 관리용이

③ 반품의 감소

④ 원거리 매장의 원재료 공급 및 관리용이

〈전통적 금전등록기와 POS 시스템의 비교〉

구 분	전통적 금전등록기(NCR)	POS 시스템
시스템의 관리형태	개별처리	온라인 및 실시간 중앙관리
데이터 관리방법	전표에 의한 수작업 관리	발행 즉시 메인 서버에 자동 입력
점검방법	단말기 단위 점검	메인 서버에 의한 일괄 점검
상품분류 및 상품입력	기능키에 의한 제한 입력	DB용량에 의한 무한 입력
매출조회	중간 결산 혹은 영업마감 후 조회 가능	입력된 모든 정보에 대한 다양한 정보 및 자료 수시 조회 가능
오류 수정기능	제한적	반복 수정 가능
영업정보 출력	일일 · 주간 · 월 · 연 매출액 등에 대한 제한적 출력	입력된 모든 정보에 대하여 다양한 자료 수시 출력
신용카드 조회	주변 기기 이용	POS 기기에서 직접 처리 가능
기능 변경	제한적이거나 복잡	프로그램 수정에 의한 변경용이

4) POS 시스템의 활용

(1) PC-POS 소프트웨어(Software)의 기능

가. 조작의 용이성 : 초보자도 손쉽게 익힐 수 있는 시스템

① 조작의 오류를 자동 체크하여 보완

② 키 조작 오류 체크 처리

③ 판매도중 2개의 영업장을 별도로 관리(영업장 변경 키)

④ 테이블 합성기능(영수증 통합 이체기능)

⑤ 영수증 재발행기능

나. 다양한 화면 : 판매 및 등록 상황을 화면으로 손쉽게 확인

① 포스 등록 현황 : 부문, 품번, 단품메뉴, 회계원, 웨이터, 영업장, 각종 카드, 기능 키 등록 등

② 매상 관리 현황 : 각종 판매 현황(POS별, 부문별, 품번별, 단품별, 회계원별, 객층별, 시간대별, 신용카드별, 웨이터별 등)

③ 영수증 관리 현황 : 영수증 마감 현황, 영수증 미마감 현황

다. 메뉴 선택기능 : 메뉴 선택의 다양화로 손쉽게 메뉴를 찾고 선택할 수 있는 기능으로 많은 시간을 단축시킬 수 있는 기능

① 키보드에 지정되어 있는 메뉴를 선택

② 그룹 키를 사용

③ 그룹 키로 금액까지 조회하면서 선택

④ PLU(plus 기능)키를 사용

⑤ 전체 메뉴를 확인 선택

라. 메뉴 분류기능 : 메뉴 관리를 손쉽게 하기 위해 3가지로 분류

① 대분류(부문)

② 중분류(품번)

③ 소분류(단품메뉴)

마. 시제 관리기능 : 시제금 입출금 시 경리과에서 입·출금 관리

① 중간 입금

② 중간 출금

바. 중간 대기기능 : 계산서bill를 개시open할 경우, 또는 현재 계산하는 고객을 잠시 보류하고 다른 고객의 영수증부터 처리할 때

① 중간 마감

② Pick-Up

사. 할인기능 : 할인 적용 시 할인율과 할인금액으로, 또한 단품별 할인과 소계 할인으로 다양하게 할인해 주는 기능

① 단품 할인(% 또는 금액)

② 소계 할인(% 또는 금액)

아. 면제기능 : 봉사료를 면제하거나 부가세를 면제할 경우, 단품별 또는 전체를 면세 / 면제할 수 있는 기능

① 봉사료 면제 : 단품별 면제, 전체 면제

② 부가세 면제 : 단품별 면제, 부가세 면제

자. 판매 수정기능 : 판매 중 / 판매 종료 후 오류처리 시 수정 / 취소 기능

① 취소기능 : 직전 취소, 지정 취소, 일괄 취소

② 반품기능 : 반품, 작업 취소

③ 지불 수정 : 지불 정정, 지불 취소

차. 카드 / 수표 조회기능 : 신용카드, 직불카드, 선불카드, 기타 IC카드 조회기능

① 신용카드 조회기능

② 직불카드 조회기능

③ 선불카드 조회기능

④ 수표 조회기능

⑤ 각종 IC카드 : 고객 카드, 상품 카드, VIP 카드 등

⑥ 신용정보 조회기능

카. 거래 형태 기능 : 계산서별 거래(지불수단)는 크게 2가지 형태로 가능

① 즉시 처리 : 현금, 쿠폰, 대외 후불(외상), 무료권, 상품권, 할인권 등

② 통신 조회 처리 : 신용·직불·선불 카드, 수표, 신판, 대내 후불, 직원 후불, 신용정보 조회 등

타. 각종 보고서 : 각종 보고서 출력기능으로 일일 점검, 일일 정산, 월간 점검, 월간 정산 등의 보고서 종류는 동일함

① 일일 점검 보고서, 영수증 마감 보고서, 영수증 미마감 보고서, 판매 보고서 : 포스별, 부문별, 품번별, 단품별, 회계원별, 시간대별, 카드별, 할인판매별 등

② 일일 정산 보고서

③ 월간 점검 보고서

④ 각종 등록 보고서 : 포스등록, 부문등록, 품번등록, 단품등록, 카드등
록, 기능키등록 보고서 등

파. Communication
① 각종 Host와 완벽한 Communication 지원
  • Down-Load, Up-Load
  • POS와 Host의 연결처리기능
  • Real Time, Batch Communication기능
  • 공중회선 및 전용회선을 이용한 외부 Van 접속기능
② POS Software에 다양한 입출력 장치 부착기능

〈PC-POS 주요 Key 기능〉

메뉴 분류기능	시제 관리기능	Pick-Up기능
부문(대분류) 품번(중분류) 단품(소분류)	중간 입금 중간 출금	Pick-Up기능 중간 마감
할인기능	판매 수정기능	판매 중 지원기능
단품 할인율(%) 소계 할인율(%) 단품 할인금액 소계 할인금액	직전 취소 지정 취소 일괄 취소 반품 작업 취소	업장 변경 판매금액 조정 메뉴 입력 메뉴 조회 판매현황 조회
지불 수정기능	면제 / 면세기능	Hardware 제어기능
지불 정정 지불 취소	봉사료 면제(부분) 봉사료 면제(전체) 부가세 면제(부분) 부가세 면제(전체)	Cash Drawer Slip Printer Receipt Printer Journal Printer Order Entry Terminal MSR

지불수단기능	기타 기능	Interface 제어기능
Cash	Table 관리	고객 확인기능
Check	내·외국인 구분	신용카드 조회기능
Credit Card	2개 영업장 동시 사용	Down-Load기능
Debit Card	Key Board 재지정	Up-Load기능
Guest Ledger	영수증 이체	
Employee Ledger		
Coupon		

5) POS 시스템의 활성화 방안과 전망

식당의 최근 판매시점관리POS 시스템 시장을 둘러싼 컴퓨터 업체 간 제품 공급경쟁이 뜨겁게 달아오르고 있다. 관련 업계에 따르면 POS 시스템 업체들은 앞으로 국내 POS시장이 대형 백화점, 대형 할인점, 대형 전문점, 대형 식당 등을 중심으로 계속 성장할 것으로 예상하고 있어 이 부문 시장 공략에 박차를 가하고 있다.

이 같은 움직임은 유통시장의 대형화 추세가 굳어지면서 전문점들이 자동화·정보화의 일환으로 POS 도입에 나선 것으로 업계 관계자들은 앞으로 POS 시스템의 수요가 꾸준히 늘어날 것으로 예상하고 있다.

그리고 정부도 2002년 7월부터 한국통신 등 기간 통신 사업자에게 과세하던 전화세를 부가가치세로 전환하고, 기간 통신 사업자의 시설투자에 대해 연간 6,000억 원 정도의 매입세액 공제를 받게 해 정보통신산업에 대한 투자촉진을 지원하기로 했다. 그리고 기술거래소에서 거래되는 기술을 양도해 생긴 소득도 소득·법인세를 50% 감면하고 업종 구분 없이 전자상거래 및 기업 내 통합정보 시스템의 전사적 자원관리ERP : Enterprise Resource Planning를 위한 설비에 투자할 경우 중소기업은 5%, 대기업은 3% 세액을 공제받게 된다. 이와 함께 전자상거래 및 판매시점 관리

시스템 사업자는 2002년 1월부터 2003년 말까지 전년대비 전자상거래 또는 POS 매출액 증가분에 대해 소득세 50%를 감면받거나 당해연도 매출액에 대해 소득세 10%를 감면받을 수 있게 된다.

정부에서 추진 중인 업종별 기업 간 전자거래 확대사업B2B : Business To Business 가운데 유통업종 추진전략을 확정했으며, 유통업종 전략계획 수립평가위원회는 최근 최종 평가회의를 갖고 전자상거래EC : Electronic Commerce 기반기술 및 기업 간 협업체계, E마켓 플레이스 구축 등을 골자로 하는 유통업계 공동의 B2B, EC전략을 추진키로 했다.

또한 지식경제부는 지방 중소유통업 활성화 대책으로 과세연도 POS 수입금액의 20%에 대한 소득세 공제를 허용하며, 10인 미만의 소규모 유통업체에 대해 10%의 특별세액 감면을 실시한다. 이와 함께 각 지방의 재래시장을 활성화하기 위해 유형별 특화시장을 만드는 재래시장에 대해 타당성 평가를 거쳐 국비지원을 해나갈 방침이다. 이 방안에 따르면 정부는 지방 중소유통업의 디지털 역량 강화를 위해 늘어나는 전자상거래지원센터ECRC를 통해 체인사업자, 협동조합 중심의 공동 B2B, B2C 전자상거래 회사 설립을 지원키로 하면서 중소 유통업체의 POS 투자세액 공제 시한을 연장하기로 했다.7

이처럼 지식경제부가 중소 유통업체의 가장 큰 난제인 정보시스템화를 유도하기 위해 POS를 통한 수입의 20% 소득세 공제 등을 골자로 한 중소 유통업 활성화 대책은 POS 도입을 통한 중소 유통업체의 정보화를 앞당기는 데 긍정적인 효과를 거둘 수 있을 것으로 기대된다.

한편 LG유통, 이마트 등 대형 유통점들은 이미 POS 시스템을 전 매장에 도입·판매에 활용하고 있어 정부의 중소 유통점을 대상으로 한 POS

---

7 http://www.etimesi.com/news/index.html

보급 확대정책이 순조롭게 진행될 경우 우리나라 유통정보화가 한 단계 성숙될 것으로 관계자들은 기대하고 있다.

2. ERP(Enterprise Resource Planning) 시스템

1) ERP 시스템의 개념

ERP 시스템은 과거의 시스템과 기업의 가치사슬이 가지고 있는 비효율성을 극복하는 과정에서 나타난 시스템으로 초기에는 제조업을 중심으로 활용되었으나, 최근에는 외식업과 같은 서비스업으로 그 활용범위가 확산되고 있다.

ERP는 MRP · MIS 등의 발전에 모태를 두고 발전한 시스템으로 기존에 분리되어 관리하던 기업의 정보 및 프로세스를 통합하여 유기적으로 관리하고자 하는 시스템이다. 이러한 맥락에서 ERP는 생산 · 공급 · 마케팅 · 인사 · 회계 등 기업의 전 부문에 걸쳐 있는 인력 · 자금 등 각종 경영자원을 하나의 체계로 통합적으로 구축함으로써 생산성을 극대화하는 대표적인 기업 리엔지니어링 운동이라 할 수 있고, 그 최종목표는 기업의 자원을 총체적으로 관리하여 시너지 효과를 창출하는 데 있으며, 이를 통하여 고객만족Customer Satisfaction을 달성하는 것이다.

따라서 ERP 시스템은 기업의 경영자원을 효과적으로 이용하고 기업의 모든 정보를 공유할 수 있다는 관점에서 기업의 전반적인 프로세스에서 자원을 통합적으로 관리하고 경영의 효율화를 기하기 위한 수단이라고 할 수 있다.

2) ERP 시스템의 특징 및 기능

ERP의 특징은 크게 기능적 특징과 기술적 특징의 두 가지 측면으로 분류할 수 있다.

(1) 기능적 특징

① 통합업무 시스템 및 표준업무 프로세스

ERP 시스템의 가장 큰 특징 중 하나는 영업·생산·구매·재고·회계·인사 등 회사 내 모든 단위업무가 상호 긴밀한 관계를 가지면서 실시간 real time에 통합적으로 처리된다는 것이다.

따라서 이러한 업무통합은 부분 최적에서 전체 최적화를 가능하게 하였고, 과업중심적인 업무처리방식이 고객지향적인 프로세스 중심적으로 전환될 수 있는 토대를 제공한다. 또한 ERP 시스템은 첨단경영기법을 연구하고 세계 초일류기업의 선진 프로세스를 벤치마킹하여 프로세스를 구성하였기 때문에 ERP 패키지에서 구현된 프로세스 자체가 세계적인 표준업무 프로세스라고 할 수 있다. 이러한 표준 프로세스의 도입을 통해 기업체들은 별도의 투자 없이 자동적으로 BPR Business Process Reengineering 하게 되는 효과를 얻을 수도 있다.

② 그룹웨어와 연동가능

그룹웨어는 다수의 사람이 서로 협력하면서 공동으로 진행하는 지적인 작업을 지원하기 위한 소프트웨어이다. 일반적으로 그룹웨어에는 전자메일, 전자계산기, 공용 데이터베이스, 전자결재, Work Flower 등의 기능이 제공된다. 이러한 그룹웨어기능과 영업·생산·구매·자재·회계 등 기간업무 시스템과의 연동은 필수적이라고 할 수 있다. ERP 시스템의 경우 패키지 자체 내에서 이러한 그룹웨어 기능들을 내장하고 있으나 자체 내에 그룹웨어 시스템이 없는 경우에도 외부 그룹웨어 시스템과의 연계를 통해 그룹웨어 기능을 제공하고 있다.

③ 파라미터 지정에 의한 개발

ERP 시스템은 패키지 개발 시 해당업무 프로세스와 관련하여 상정할 수 있는 대부분의 거래유형을 포함시켜 놓고 있다. 따라서 업종과 기업규모에 관계없이 대부분의 기업에 적용할 수 있을 뿐만 아니라, 구축시간을 단축시킬 수 있고 유지·보수비용을 크게 줄일 수 있게 되었다. 이렇게 필요한 기능을 전부 내장하고 있는 ERP 패키지의 파라미터 지정을 이용하여 해당기업에 맞도록 시스템을 최적화할 수 있다.

④ 확장 및 연계성이 뛰어난 오픈 시스템

기존 MIS가 폐쇄적인 구조로 설계되어 시스템의 확장 및 다른 시스템과의 연계가 제대로 이루어지지 않은 반면 ERP 시스템은 어떠한 운영체제·데이터베이스에도 잘 운영되게 되어 있어 시스템의 확장이나 다른 시스템과의 연계가 쉽게 되어 있다. 특히 데이터를 정밀하게 분석해 주는 데이터웨어 하우징Dataware Housing, 경영분석도구인 중역정보 시스템EIS : Executive Information System, 설계와 생산을 동시에 가능하게 해주는 PDM Product Document Management, 광속거래라 불리는 CALSCommerce At Light Speed, 전자상거래인 ECElectronics Commerce와 같은 응용·전문영역의 패키지와 ERP 시스템은 쉽게 조화를 이룰 수 있어 고도화되고 복잡해지며 급변하는 경영환경에 적극적으로 대응할 수 있게 되어 있다.

⑤ 글로벌 대응

다수의 ERP는 다국적·다통화·다언어에 대응하고 있다. 각 나라의 법률과 대표적인 상거래 습관·생산방식이 먼저 시스템에 입력되어 있어서 사용자는 이 가운데서 선택하고 설정할 수 있다. 글로벌 경쟁시대에 있어서 다국적기업은 글로벌한 통제기능을 구비해야만 한다. 예를 들어 미국에서 디자인을 하고, 생산은 동남아시아에서, 판매는 일본에서 전개한다면 애플리케이션은 당연히 글로벌한 대응이 필요하게 된다.

⑥ 경영자정보

최고경영자는 기업의 외부환경변화에 신속히 대응하기 위해 경영자원 재분배 등의 의사결정을 한다. 이러한 신제품 개발이나 신공장 건설이라고 하는 전략적인 의사결정은 반복적인 발생이 적고 거의 구조화되어 있지 않다. 응용 소프트웨어 시스템은 정형적이며 거의 구조화되어 있는 의사결정을 지원한다. ERP는 가공되지 않은 자료를 저장하고 있는 상태에서 분석의 각도를 자유롭게 바꿀 수 있는 보고기능, 하향조사기능, 개인별로 조작순서를 최적화하는 기능·생산·판매·재무·인사·회계정보를 자유롭게 조회할 수 있는 기능을 포함한다.

(2) 기술적 특징

① 클라이언트 서버(CS : Client Server) 시스템

과거 중앙집중식 환경에서는 일반 직원들이 사용하고 있는 터미널은 중앙의 주전산기로부터 얻어 온 정보를 배분해 주는 단순한 단말기 역할만 해왔다. 그러나 지금 일반직원들이 사용하는 클라이언트 PC는 기능이 강력해지면서 다기능 시스템으로 바뀌게 되었다. 분산처리구조는 이러한 Client에게 새로운 역할을 주고, Server는 과거 중앙집중식 방식과 같이 모

든 것을 가질 필요가 없어지는, 따라서 부하가 크게 줄어들게 되어 자원을 효율적으로 운영하고 관리할 수 있는 시스템 처리방식이다.

② 4세대 언어(4GL : 4Generation)와 CASE(Computer Aided Software Engineering) Tool

갈수록 고도화되고 있는 산업용 소프트웨어를 개발하는 데 있어 기존의 프로그램 개발방식으로 한계에 부딪치게 되면서 4세대 언어라고 불리는 프로그램 언어들이 등장하게 되었다. 대표적인 4세대 언어는 Visual Basic C^{++}, Power Builder, Java 등이 있다. 이와 아울러 고기능성 산업용 소프트웨어를 개발하기 위한 별도의 방법론으로 등장한 것이 CASE Tool이라는 것인데 이는 소프트웨어를 만드는 소프트웨어라고 할 수 있다.

③ 관계형 데이터베이스(RDBMS : Relational Data Base Management System)

거의 모든 ERP 시스템은 원장형 데이터베이스 구조를 채택하고 있다. 기존의 파일 시스템 구조로는 데이터 독립성·종속성이 문제가 있기 때문에 ERP와 같은 고기능성 산업용 소프트웨어에는 상용 RDBMS를 채택해야만 한다. 현재 ERP 시스템에서 운영되고 있는 DB는 Oracle · Informix · Sybase · SQL 등인데, DB의 채택은 주로 운영환경과 하드웨어 등 전체의 플랫폼에 의해 결정되고 있다.

④ 객체지향기술(OOT : Object Oriented Technology)

ERP 패키지 내의 각 모듈(프로세스)은 제각각 독립된 개체로서의 역할을 하게 된다. ERP 시스템은 이렇게 수많은 모듈들의 집합체이다. 각 모듈들과의 인터페이스를 통해 전체적으로 시스템의 효율성을 향상시킨다.

시스템이 업그레이드되거나 기능이 추가 또는 삭제되는 경우에 객체지향적으로 설계된 ERP 시스템은 전체를 수정할 필요 없이 해당 모듈에 대한 교체만으로 시스템의 변경이 가능하다. 마치 레고 블록처럼 영업·생산·구매·자재·재고·회계·인사 등 각 모듈들을 서로 짜 맞추는 식으로 전체를 최적화시켜 나가면 되고, ERP 시스템이 구축된 이후에도 언제나 단위 모듈의 변경이 가능하다.

〈ERP 시스템의 기능적·기술적 특성〉

기능적 특징	기술적 특징
· 통합업무 시스템 · 세계적인 표준업무 프로세스 · 그룹웨어와 연동가능 · 파라미터 지정에 의한 개발 · 확장 및 연계성이 뛰어난 오픈 시스템 · 글로벌 대응 · 경영자 정보	· 클라이언트 서버(CS : Client Server) · 4세대 언어(4GL : 4Generation)와 CASE(Case Aided Software Engineering) Tool · 관계형 데이터베이스(RDBMS : Relation Data Base Management System) · 객체지향기술(OOT : Object Oriented Technology)

3. CRM(Customer Relationship Management) 시스템

1) CRM 시스템의 개념

CRM은 기존의 대량생산체제하의 고객관리에서 벗어나 타깃Target 중심의 고객관리에서 개별 고객중심의 고객관리로 변화되면서 등장한 개념으로, 고객을 중심으로 기업 내 사고를 바꾸자는 BPRBusiness Process Reen-gineering적인 성격이 내포되어 있다. 즉 CRM은 고객에 대한 정확한 이해를 바탕으로 고객이 원하는 제품과 서비스를 지속적으로 제공함으로써 고객을 지속적으로 유지시키고 결과적으로 고객의 생애가치LTV : Life Time

Value를 극대화해 수익성을 높이고자 하는 통합된 고객관리 프로그램이다.

따라서 CRM에서 모든 프로세스의 중심은 고객이 된다. 특히 인터넷기술의 발전으로 고객의 실시간 반응확인이 가능해졌다는 측면에서 CRM의 중요성은 더욱 강조된다. 이에 최근에는 e-CRM이라는 개념까지 등장하였다. e-CRM은 기존의 오프라인 CRM에 비하여 인터넷을 통해서 고객데이터를 수집하고 고객과 커뮤니케이션을 할 수 있다는 데 특징이 있다.

2) CRM 시스템의 특징 및 기능

(1) 시장점유율보다 고객점유율 중시

CRM은 시장점유율보다는 기존고객·잠재고객을 대상으로 고객유지와 이탈방지 및 다른 상품과의 교차판매Cross-sell 등 일대일 마케팅전략을 통하여 고객점유율을 높이는 전략을 사용한다.

(2) 신규고객 유치보다 기존고객 유지 중시

CRM은 신규고객의 확보보다는 고객유지에 중점을 두고 있다. 한 명의 우수한 고객을 통해 기업의 수익성을 높이며, 이러한 우수고객을 유지하는 것에 중점을 두고 있다.

(3) 단순한 상품판매보다 고객관계 중시

기존의 마케팅활동은 모든 고객을 대상으로 대량생산한 상품을 대량유통시키고 대량촉진활동을 수행하여 왔다. 이는 고객중심이라기보다는 기업중심의 마케팅활동이라고 할 수 있다. 그러나 CRM에서는 고객과의 관계를 기반으로 고객의 입장에서 상품을 만들고 공급하며 지속적으로 고객을 관리함으로써 평생 고객화하는 데 중점을 두고 있다.

(4) 전사적인 고객정보 획득

CRM은 기업의 내부 및 외부의 자료를 활용하는 측면에서는 DB 마케팅과 유사하지만, 고객정보를 획득하는 방법, 즉 고객접점이 DB 마케팅에 비해 훨씬 더 다양하다. 또한 이 다양한 고객정보의 획득을 전사적으로 수행한다는 점에서 차이가 있다.

(5) 고객분석을 위한 데이터 마이닝기법 활용

CRM은 다양한 채널을 통해 획득된 고객정보를 데이터웨어하우스에 축적하고, 고객 정보를 체계적으로 분석하여 가치 있는 정보를 찾고 지식을 발견한다. 그리고 이를 이용하여 차별화된 캠페인을 실시하고 지속적으로 관리하여 DB 마케팅을 보다 효과적으로 수행한다.

4. SCM(Supply Chain Management) 시스템

1) SCM 시스템의 개념

SCM이란 제조·물류·유통업체 등 유통공급망에 참여하는 모든 업체들이 협력을 바탕으로 정보기술을 활용하여 재고를 최적화하고 리드 타임을 대폭적으로 감축하여 결과적으로 양질의 상품 및 서비스를 소비자에게 제공함으로써 소비자가치를 극대화하는 전략이다. 즉 SCM은 소비자의 수요를 효과적으로 충족시켜 주기 위해서 신제품 출시·판촉·상품보충 등의 부문에서 원재료공급업체·제조업체·도소매업체 등이 서로 협력하는 것이다.

SCM은 적용되는 산업별로 그 표현을 달리하고 있다. 즉 의류부문에서는 QRQuick Response, 식품부문에서는 ECREfficient Consumer Response, 의약품부문에서는 EHCREfficient Healthcare Consumer Response, 신선식품부문에서는 EFREfficient Foodservice Response 등으로 불리고 있다.

2) SCM 시스템의 특징 및 기능

SCM의 주요기능은 산업과 제품에 따라 다소 차이를 보이고 있으나 크게 계획·조달·생산·수주·출하로 구성되어 있으며, 세부적으로는 재고관리, 수요관리, 능력 및 생산 조정계획, 수주관리, 물류관리와 같은 다양한 기능을 가지고 있어 다음과 같은 특징을 나타낸다.

(1) 고객중심성

기업이 아무리 훌륭한 비즈니스개념 및 관리역량을 보유하고 있다 해도 약속한 고객들에게 제대로 전달하지 못한다면 사업을 성공적으로 수행할 수 없다. SCM은 고객과의 약속을 효율적으로 실천함으로써 고객만족을 실현하고자 하기 때문에 상품 및 서비스를 제공하기 위해서 필요한 전체 Supply Chain을 연결한 통합적 비즈니스 프로세스를 최적으로 편성하여 마치 하나의 기업활동처럼 실행하게 된다.

(2) 확장성과 통합성

SCM은 물자와 정보와 자금의 흐름을 연동시키려 하므로 통합을 지향한다. 기업 내부의 활동뿐만 아니라 공급업체와 고객까지 연계된 활동 전체를 업무 프로세스로 간주하여 효율화를 추구한다. 따라서 원자재공급업체에서 최종소비자까지 물자·자금·정보의 흐름을 관리하는 기술을 포함한다.

(3) 신속한 대응력과 적응력

SCM은 수요자가 요구하는 사항을 실시간으로 통합하여 빠르게 변화하는 환경에서 신속한 대응과 처리를 가능하게 한다. 즉 SCM은 개방적 통합시스템이기 때문에 종업원들 간의 정보교환은 물론, 고객·공급업자·유통업자·제조업자와도 다양한 정보를 실시간으로 공유할 수 있기 때문에 주문·구매·재고 등에 있어 신속한 대응력과 적응력을 제공한다.

5. 지식정보 시스템의 효율적 도입 및 활용방안

1) 명확한 도입목적 정립 및 구축전략

지식정보 시스템에 대한 환상을 버리고 이를 도입함으로써 거두고자 하는 목적을 명확하게 하고, 이를 실질적으로 해결할 수 있는지 분석해야 한다. 또한 시스템 도입에 있어서는 구체적이고 정량적인 목표를 설정하여야 한다.

2) 경영자의 적극적인 의지와 전략

지식정보 시스템을 도입하는 것은 단순히 시스템과 관련된 하드웨어와 소프트웨어를 도입하는 것이 아니라 기업의 업무 프로세스를 시스템에 맞춰 재구축하는 것이라고도 할 수 있다. 따라서 경영자는 시스템 도입을 통해 이루고자 하는 비전 및 전략을 명확하게 설정하고, 이를 실현하는 데 요구되는 구체적인 내용점검 및 독려, 전폭적인 지원, 이슈에 대한 신속한 의사결정 등의 적극적인 의지가 반드시 요구된다.

3) 기업실정을 충분히 반영할 수 있는 업체와 패키지 선정

지식정보 시스템은 워낙 거대한 시스템을 프로그램화하였기 때문에 시스템을 제공하는 업체마다 조금씩 차이가 있고, 업종에 따라서도 특화된다. 또 기업마다 고유한 특성과 제약조건이 다르기 때문에 이에 대한 지원 여부도 고려의 대상이 되어야 한다. 아울러 환경변화에 따라 대부분의 기업 프로세스 역시 민감하게 변화하기 때문에 공급업체가 이러한 요건을 구현할 수 있는 전문적 능력과 경험을 가지고 있는지 철저히 파악해야 할 것이다.

4) 적극적인 참여와 교육훈련

지식정보 시스템은 사용자의 적극적인 활용이 없으면 성공할 수 없으므로 개발 초기부터 실행단계에 이르기까지 전 사원이 의지를 가지고 참여할 수 있도록 지원해야 할 것이다. 특히 지식정보 시스템은 이를 실제 활용하는 사용자들의 활용능력이 뒷받침되어야 그 효과를 극대화할 수 있다. 따라서 성공적인 시스템의 도입 및 활용을 위해서는 다양한 교육훈련 및 성과에 대한 보상제도 등이 요구된다.

5) 통합 테스트 적용

지식정보 시스템의 도입효과가 나타나지 않는 주요한 원인 중 하나는 시스템의 구현이 이루어지고 테스트가 완전히 이루어지기 전에 서둘러서 실제 적용하는 것이다. 이는 시스템의 정착화기간이 비용과 비례하기 때문에 대부분의 기업들이 이를 빨리 적용하려는 경향이 있기 때문이다. 그러나 프로젝트기간이 다소 길어지더라도 시스템을 구현한 후 철저한 테스트를 거쳐 적용하는 것이 성공적인 정착을 위해 필요하다.

좌측통행과 우측통행

요즘 들어 우리나라 사람들은 우측통행을 한다. (예전에는 좌측 보행이었다.)

인간은 항상 오른쪽으로 가려는 경향이 있다. 예를 들어 백화점의 에스컬레이터를 타고 위층 매장에 도착한 고객의 발길은 주로 오른쪽으로 가려는 경향이 있다. 마찬가지로 차량을 이용하여 식당이나 레스토랑을 이용하거나 퇴근길에도 오른편에 식당이 위치하는 것이 매출에 영향을 주는 경향이 있다.

소비자의 행동은 합리적인 것처럼 보이기는 하나 한편으로는 대단히 충동적이고 민감하여 돌출건물의 유무, 음지나 양지의 여부, 작은 장애물의 유무, 지름길의 유무 등에 따라 왼쪽으로 갈 것인지, 오른쪽으로 갈 것인지를 순식간에 결정하게 된다.

그리고 평소에 좋아하는 점포나 깨끗한 길, 흥미를 끄는 점포의 앞을 지나려 하는 것이 인간의 심리이기도 하다. 그렇기 때문에 일방적으로 왼쪽이 좋다거나 오른쪽이 좋다는 얘기는 성립되지 않는다.

도매시장을 제외하면 대부분이 점심시간 전후부터 본격적으로 상권이 형성되기 시작한다. 그 때문에 도심 쪽으로 출근하는 방향보다는 퇴근하는 방향의 입지가 좋은 것이다. 물론 좁은 도로라면 별 의미가 없지만, 도로가 편도 3차선 이상의 도로라면 특히 주의를 요한다.

그러나 반드시 퇴근 방향이 좋은 것은 아니다. 예를 들면, 약국이나 간이음식점, 테이크아웃 등과 같은 업종은 오히려 출근 방향의 매출이 더 좋다는 점도 잊어서는 안 된다.

참고문헌

강병남 외, 외식산업실무론, 지구문화사, 2014.

경실련, "프랜차이즈 계약의 문제점과 개선방향", 경실련 공청회, 1995, p. 2.

고재윤 외, 호텔식당 경영학 원론, 도서출판 신정, 2005.

구천서, 세계의 식생활과 문화, 향문사, 1997.

권금택, 21세기 외식경영학, 대명, 2007.

권용주 외, 외식창업 실무론, 형설출판사, 2005.

김근종, 호텔매니저가 되는 길, 기문사, 1997.

김기홍 외, 외식경영세미나, 한올출판사, 2003.

법무부, "프랜차이즈의 법리", 법무자료 제115집, 1989, p. 10.

사까끼 요시오 저, 강태봉 역, 식당경영론, 문지사, 2000.

서진우, 실전 외식창업 실무, 대왕사, 2007.

신봉규, 외식산업 입지 상권분석기법, 백산출판사, 2003.

염진철 외, Basic Western Cuisine 기초서양조리 이론과 실기, 백산출판사, 2010.

우이 요시유키, 성공하는 음식점 창업 및 경영하기, 크라운출판사, 2006.

원융희 외, 음식마케팅, 대학서림, 2007.

윤수선, 주방관리, 백산출판사, 2010.

이강원 외, 음식장사 초보자가 꼭 알아야 할 107가지, 원앤원북스, 2006.

이인호, 대박나는 장사 쪽박차는 장사, 더난출판, 2004.

이준혁, 식당경영 이렇게 하면 성공한다, 느낌이 있는 나무, 2003.

이준혁, 식당경영 이렇게 하면 성공한다, 비즈&북, 2006.

이준호, "여행업에 있어서의 Franchise 계약에 관한 연구", Tourism Research 제8

호, 1944, p. 286.

임영서, 음식점경영 이렇게 성공한다, 미래지식, 2006.

임현철, 외식창업 실무지침서, 한올출판사, 2006.

정규엽, 호텔, 외식, 관광마케팅, 연경문화사, 2002.

조리교재발간위원회, 조리체계론, 한국외식정보, 2002.

최수근 외, 레스토랑 창업론, 지구문화사, 2002.

미야 에이지 저, 한국산업훈련연구소 편집부 역, 외식비즈니스, 한국산업훈련연
    구소, 1992, p. 47.

Alstair M. Morrison, Hospitality and Travel Marketing, Delmar Publisher Inc., 1989.

Michael M. Coltaman, "Start and Run a Profitable Restaurant", International Self-
    Counsel Press, Ltd., 1991, p. 89.

http://www.etimesi.com/news/index.html

저자약력

윤수선

· 현) 안산대학교 식품영양학부 호텔조리과 교수
· 대한민국 조리기능장
· 전) 한국관광대학교 호텔조리과 교수
· 전) Seoul Plaza Hotel 조리팀 근무
· 전) Novotel Ambassdor Seoul 조리팀 근무
· 프랑스 Le Cordon Bleu 요리학교
· 이탈리아 I.C.I.F 요리학교
· 한국산업인력공단 기능사, 산업기사, 기능장 실기시험 심사위원
· 한국직업능력개발원 훈련과정 계좌제 심사위원
· 대한민국 요리경연대회 심사위원
· 경기도, 서울특별시 기능경기대회 심사위원

배현수

· 현) 초당대학교 조리과학부 교수
· 전) 광주여자대학교 영양학과 겸임교수
· 전) 혜전대학 조리학과 외래교수
· 한국산업인력공단 심사위원
· 대한민국 요리경연대회 심사위원
· 2004 싱가포르 세계요리대회 LIVE부문 개인 최초 금메달
· 대한민국 요리경연대회 단체 금상 외 다수 수상

박인수

· 현) 대전과학기술대학교 교수
· 전) 대원과학대학 교수
· 경기대학교 관광대학원 외식경영학과 석사
· 경기대학교 관광대학원 외식조리관리학과 박사
· 한국외식산업경영학회 이사
· 한국산업인력공단 조리심사위원
· 프라자호텔 조리부 Chef 근무

이홍구

· 현) 서울현대전문학교 외식산업학부 교수
· 대한민국 조리기능장
· 한국 불란서요리연구회 책임연구원
· 한국산업인력공단 심사위원
· 룩셈부르크 월드컵요리대회 금상 수상
· 2002 서울 국제요리대회 단체 / 개인 금상 수상
· 대한민국요리 경연대회 심사위원

식당경영론

2012년 1월 10일 초 판 1쇄 발행
2019년 3월 10일 개정판 3쇄 발행

지은이 윤수선 · 배현수 · 박인수 · 이흥구
펴낸이 진욱상
펴낸곳 백산출판사
교 정 성인숙
본문디자인 편집부
표지디자인 오정은

등 록 1974년 1월 9일 제406-1974-000001호
주 소 경기도 파주시 회동길 370(백산빌딩 3층)
전 화 02-914-1621(代)
팩 스 031-955-9911
이메일 edit@ibaeksan.kr
홈페이지 www.ibaeksan.kr

ISBN 978-89-6183-531-2
값 20,000원